清华大学优秀博士学位论文丛书

能源微藻利用内源磷的生长及油脂积累特性

巫寅虎 著 Wu Yinhu

Growth and Lipid Accumulation Properties of Microalgae Using Intracellular Phosphorus for Bioenergy Production

清华大学出版社
北 京

内 容 简 介

藻类能够在外界磷资源耗尽的情况下，利用自身储存的内源磷维持生长。本书以这一现象为契机，初步构建了以有限的磷资源生产更多藻类生物质的培养策略，从而为实现藻类生物质能源的可持续大规模生产提供了理论指导和技术支持，可供新能源、藻类培养、藻类生物质能源等领域的科研人员和工程技术人员阅读参考。

图书在版编目(CIP)数据

能源微藻利用内源磷的生长及油脂积累特性/巫寅虎著. —北京：清华大学出版社，2018
(清华大学优秀博士学位论文丛书)
ISBN 978-7-302-45432-8

Ⅰ. ①能… Ⅱ. ①巫… Ⅲ. ①微藻—研究 Ⅳ. ①Q949.2

中国版本图书馆 CIP 数据核字(2016)第 266119 号

责任编辑：魏贺佳
封面设计：傅瑞学
责任校对：赵丽敏
责任印制：宋 林

出版发行：清华大学出版社
网 址：http://www.tup.com.cn，http://www.wqbook.com
地 址：北京清华大学学研大厦 A 座 **邮 编**：100084
社 总 机：010-62770175 **邮 购**：010-62786544
投稿与读者服务：010-62776969，c-service@tup.tsinghua.edu.cn
质量反馈：010-62772015，zhiliang@tup.tsinghua.edu.cn
印 装 者：三河市铭诚印务有限公司
经 销：全国新华书店
开 本：155mm×235mm **印 张**：9.25 **字 数**：154 千字
版 次：2018 年 6 月第 1 版 **印 次**：2018 年 6 月第 1 次印刷
定 价：79.00 元

产品编号：071067-01

一流博士生教育
体现一流大学人才培养的高度（代丛书序）[①]

人才培养是大学的根本任务。只有培养出一流人才的高校，才能够成为世界一流大学。本科教育是培养一流人才最重要的基础，是一流大学的底色，体现了学校的传统和特色。博士生教育是学历教育的最高层次，体现出一所大学人才培养的高度，代表着一个国家的人才培养水平。清华大学正在全面推进综合改革，深化教育教学改革，探索建立完善的博士生选拔培养机制，不断提升博士生培养质量。

学术精神的培养是博士生教育的根本

学术精神是大学精神的重要组成部分，是学者与学术群体在学术活动中坚守的价值准则。大学对学术精神的追求，反映了一所大学对学术的重视、对真理的热爱和对功利性目标的摒弃。博士生教育要培养有志于追求学术的人，其根本在于学术精神的培养。

无论古今中外，博士这一称号都是和学问、学术紧密联系在一起，和知识探索密切相关。我国的博士一词起源于2000多年前的战国时期，是一种学官名。博士任职者负责保管文献档案、编撰著述，须知识渊博并负有传授学问的职责。东汉学者应劭在《汉官仪》中写道："博者，通博古今；士者，辩于然否。"后来，人们逐渐把精通某种职业的专门人才称为博士。博士作为一种学位，最早产生于12世纪，最初它是加入教师行会的一种资格证书。19世纪初，德国柏林大学成立，其哲学院取代了以往神学院在大学中的地位，在大学发展的历史上首次产生了由哲学院授予的哲学博士学位，并赋予了哲学博士深层次的教育内涵，即推崇学术自由、创造新知识。哲学博士的设立标志着现代博士生教育的开端，博士则被定义为独立从事学术研究、具备创造新知识能力的人，是学术精神的传承者和光大者。

---

① 本文首发于《光明日报》，2017年12月5日。

博士生学习期间是培养学术精神最重要的阶段。博士生需要接受严谨的学术训练，开展深入的学术研究，并通过发表学术论文、参与学术活动及博士论文答辩等环节，证明自身的学术能力。更重要的是，博士生要培养学术志趣，把对学术的热爱融入生命之中，把捍卫真理作为毕生的追求。博士生更要学会如何面对干扰和诱惑，远离功利，保持安静、从容的心态。学术精神特别是其中所蕴含的科学理性精神、学术奉献精神不仅对博士生未来的学术事业至关重要，对博士生一生的发展都大有裨益。

独创性和批判性思维是博士生最重要的素质

博士生需要具备很多素质，包括逻辑推理、言语表达、沟通协作等，但是最重要的素质是独创性和批判性思维。

学术重视传承，但更看重突破和创新。博士生作为学术事业的后备力量，要立志于追求独创性。独创意味着独立和创造，没有独立精神，往往很难产生创造性的成果。1929 年 6 月 3 日，在清华大学国学院导师王国维逝世二周年之际，国学院师生为纪念这位杰出的学者，募款修造“海宁王静安先生纪念碑”，同为国学院导师的陈寅恪先生撰写了碑铭，其中写道：“先生之著述，或有时而不章；先生之学说，或有时而可商；惟此独立之精神，自由之思想，历千万祀，与天壤而同久，共三光而永光。”这是对于一位学者的极高评价。中国著名的史学家、文学家司马迁所讲的“究天人之际、通古今之变，成一家之言”也是强调要在古今贯通中形成自己独立的见解，并努力达到新的高度。博士生应该以“独立之精神、自由之思想”来要求自己，不断创造新的学术成果。

诺贝尔物理学奖获得者杨振宁先生曾在 20 世纪 80 年代初对到访纽约州立大学石溪分校的 90 多名中国学生、学者提出：“独创性是科学工作者最重要的素质。”杨先生主张做研究的人一定要有独创的精神、独到的见解和独立研究的能力。在科技如此发达的今天，学术上的独创性变得越来越难，也愈加珍贵和重要。博士生要树立敢为天下先的志向，在独创性上下功夫，勇于挑战最前沿的科学问题。

批判性思维是一种遵循逻辑规则、不断质疑和反省的思维方式，具有批判性思维的人勇于挑战自己、敢于挑战权威。批判性思维的缺乏往往被认为是中国学生特有的弱项，也是我们在博士生培养方面存在的一个普遍问题。2001 年，美国卡内基基金会开展了一项“卡内基博士生教育创新计划”，针对博士生教育进行调研，并发布了研究报告。该报告指出：在美国和欧洲,培养学生保持批判而质疑的眼光看待自己、同行和导师的观点同样非常不容易,批判性思维的培养必须要成为博士生培养项目的组成部分。

对于博士生而言,批判性思维的养成要从如何面对权威开始。为了鼓励学生质疑学术权威、挑战现有学术范式,培养学生的挑战精神和创新能力,清华大学在2013年发起"巅峰对话",由学生自主邀请各学科领域具有国际影响力的学术大师与清华学生同台对话。该活动迄今已经举办了21期,先后邀请17位诺贝尔奖、3位图灵奖、1位菲尔兹奖获得者参与对话。诺贝尔化学奖得主巴里·夏普莱斯(Barry Sharpless)在2013年11月来清华参加"巅峰对话"时,对于清华学生的质疑精神印象深刻。他在接受媒体采访时谈道:"清华的学生无所畏惧,请原谅我的措辞,但他们真的很有胆量。"这是我听到的对清华学生的最高评价,博士生就应该具备这样的勇气和能力。培养批判性思维更难的一层是要有勇气不断否定自己,有一种不断超越自己的精神。爱因斯坦说:"在真理的认识方面,任何以权威自居的人,必将在上帝的嬉笑中垮台。"这句名言应该成为每一位从事学术研究的博士生的箴言。

提高博士生培养质量有赖于构建全方位的博士生教育体系

一流的博士生教育要有一流的教育理念,需要构建全方位的教育体系,把教育理念落实到博士生培养的各个环节中。

在博士生选拔方面,不能简单按考分录取,而是要侧重评价学术志趣和创新潜力。知识结构固然重要,但学术志趣和创新潜力更关键,考分不能完全反映学生的学术潜质。清华大学在经过多年试点探索的基础上,于2016年开始全面实行博士生招生"申请-审核"制,从原来的按照考试分数招收博士生转变为按科研创新能力、专业学术潜质招收,并给予院系、学科、导师更大的自主权。《清华大学"申请-审核"制实施办法》明晰了导师和院系在考核、遴选和推荐上的权利和职责,同时确定了规范的流程及监管要求。

在博士生指导教师资格确认方面,不能论资排辈,要更看重教师的学术活力及研究工作的前沿性。博士生教育质量的提升关键在于教师,要让更多、更优秀的教师参与到博士生教育中来。清华大学从2009年开始探索将博士生导师评定权下放到各学位评定分委员会,允许评聘一部分优秀副教授担任博士生导师。近年来学校在推进教师人事制度改革过程中,明确教研系列助理教授可以独立指导博士生,让富有创造活力的青年教师指导优秀的青年学生,师生相互促进、共同成长。

在促进博士生交流方面，要努力突破学科领域的界限，注重搭建跨学科的平台。跨学科交流是激发博士生学术创造力的重要途径，博士生要努力提升在交叉学科领域开展科研工作的能力。清华大学于2014年创办了“微沙龙”平台，同学们可以通过微信平台随时发布学术话题、寻觅学术伙伴。3年来，博士生参与和发起“微沙龙”12000多场，参与博士生达38000多人次。“微沙龙”促进了不同学科学生之间的思想碰撞，激发了同学们的学术志趣。清华于2002年创办了博士生论坛，论坛由同学自己组织，师生共同参与。博士生论坛持续举办了500期，开展了18000多场学术报告，切实起到了师生互动、教学相长、学科交融、促进交流的作用。学校积极资助博士生到世界一流大学开展交流与合作研究，超过60%的博士生有海外访学经历。清华于2011年设立了发展中国家博士生项目，鼓励学生到发展中国家亲身体验和调研，在全球化背景下研究发展中国家的各类问题。

在博士学位评定方面，权力要进一步下放，学术判断应该由各领域的学者来负责。院系二级学术单位应该在评定博士论文水平上拥有更多的权力，也应担负更多的责任。清华大学从2015年开始把学位论文的评审职责授权给各学位评定分委员会，学位论文质量和学位评审过程主要由各学位分委员会进行把关，校学位委员会负责学位管理整体工作，负责制度建设和争议事项处理。

全面提高人才培养能力是建设世界一流大学的核心。博士生培养质量的提升是大学办学质量提升的重要标志。我们要高度重视、充分发挥博士生教育的战略性、引领性作用，面向世界、勇于进取，树立自信、保持特色，不断推动一流大学的人才培养迈向新的高度。

邱勇

清华大学校长

2017年12月5日

丛书序二

以学术型人才培养为主的博士生教育，肩负着培养具有国际竞争力的高层次学术创新人才的重任，是国家发展战略的重要组成部分，是清华大学人才培养的重中之重。

作为首批设立研究生院的高校，清华大学自20世纪80年代初开始，立足国家和社会需要，结合校内实际情况，不断推动博士生教育改革。为了提供适宜博士生成长的学术环境，我校一方面不断地营造浓厚的学术氛围，一方面大力推动培养模式创新探索。我校已多年运行一系列博士生培养专项基金和特色项目，激励博士生潜心学术、锐意创新，提升博士生的国际视野，倡导跨学科研究与交流，不断提升博士生培养质量。

博士生是最具创造力的学术研究新生力量，思维活跃，求真求实。他们在导师的指导下进入本领域研究前沿，吸取本领域最新的研究成果，拓宽人类的认知边界，不断取得创新性成果。这套优秀博士学位论文丛书，不仅是我校博士生研究工作前沿成果的体现，也是我校博士生学术精神传承和光大的体现。

这套丛书的每一篇论文均来自学校新近每年评选的校级优秀博士学位论文。为了鼓励创新，激励优秀的博士生脱颖而出，同时激励导师悉心指导，我校评选校级优秀博士学位论文已有20多年。评选出的优秀博士学位论文代表了我校各学科最优秀的博士学位论文的水平。为了传播优秀的博士学位论文成果，更好地推动学术交流与学科建设，促进博士生未来发展和成长，清华大学研究生院与清华大学出版社合作出版这些优秀的博士学位论文。

感谢清华大学出版社，悉心地为每位作者提供专业、细致的写作和出版指导，使这些博士论文以专著方式呈现在读者面前，促进了这些最新的优秀研究成果的快速广泛传播。相信本套丛书的出版可以为国内外各相关领域或交叉领域的在读研究生和科研人员提供有益的参考，为相关学科领域的发展和优秀科研成果的转化起到积极的推动作用。

感谢丛书作者的导师们。这些优秀的博士学位论文，从选题、研究到成文，离不开导师的精心指导。我校优秀的师生导学传统，成就了一项项优秀的研究成果，成就了一大批青年学者，也成就了清华的学术研究。感谢导师们为每篇论文精心撰写序言，帮助读者更好地理解论文。

感谢丛书的作者们。他们优秀的学术成果，连同鲜活的思想、创新的精神、严谨的学风，都为致力于学术研究的后来者树立了榜样。他们本着精益求精的精神，对论文进行了细致的修改完善，使之在具备科学性、前沿性的同时，更具系统性和可读性。

这套丛书涵盖清华众多学科，从论文的选题能够感受到作者们积极参与国家重大战略、社会发展问题、新兴产业创新等的研究热情，能够感受到作者们的国际视野和人文情怀。相信这些年轻作者们勇于承担学术创新重任的社会责任感能够感染和带动越来越多的博士生们，将论文书写在祖国的大地上。

祝愿丛书的作者们、读者们和所有从事学术研究的同行们在未来的道路上坚持梦想，百折不挠！在服务国家、奉献社会和造福人类的事业中不断创新，做新时代的引领者。

相信每一位读者在阅读这一本本学术著作的时候，在吸取学术创新成果、享受学术之美的同时，能够将其中所蕴含的科学理性精神和学术奉献精神传播和发扬出去。

姚强

清华大学研究生院院长

2018年1月5日

导师序言

能源短缺和气候变化是21世纪人类社会面临的两大危机。近年来,世界范围内的人口快速增长和经济发展加剧了化石燃料的消耗。化石燃料是一种不可再生的非可持续能源,其剩余储量已十分有限。同时,化石燃料的大量使用导致大气中二氧化碳等温室气体浓度的升高,从而引发了“温室效应”等一系列全球性的气候变化问题。因此,开发利用可再生和环境友好型新能源,成为国际社会面临的重大课题。

在各类新能源中,藻类生物质能源因其独特的优势而被众多学者视作最具竞争力的化石燃料替代品之一。与太阳能、风能、核能、地热能、潮汐能等非生物质能源相比,藻类生物质可用于生产生物柴油、生物乙醇、航空燃油等多种液体燃料。这些燃料可被绝大多数当前的交通工具直接使用,是化石燃料最理想的替代品。与其他类型的生物质能源相比,藻类的生长速度更快,光合作用效率更高,油脂、蛋白质、可溶性多糖等的含量更高,其加工转化所得的产物也具备更高的热值。

由于上述优势,藻类生物质能源逐渐成为新能源领域的研究前沿和热点。虽然微藻生物质被认为是一种可再生且可持续的能源,但藻类生物质能源的生产过程将不可避免地消耗大量水资源,以及不可再生的磷资源等。这也是藻类生物质能源实现大规模应用的重要限制因素。本课题组以实现微藻生物质大规模可持续培养为目标,围绕藻类生物质生产与污水深度处理耦合技术、藻类培养液循环利用技术、藻类生长促进技术、微藻附着培养与氮磷深度去除技术、微藻溶解性有机物分泌及其控制等开展了较为系统的研究,并获得了较为丰富的成果。自2005年以来,从事该方向研究的博士、硕士研究生和博士后达12人,其中已毕业博士生3人(李鑫、于茵、巫寅虎)、硕士生4人(杨佳、朱树峰、Nora Graciela、Deantes Victor)、出站博士后1人(苏贞峰)。

前期实验发现,藻类在生长过程中能够过量吸收培养液中的磷,并将其储存于细胞中转化为细胞内源磷。促进藻细胞利用内源磷的生长是利用有限的磷资源生产更多藻类生物质的关键。巫寅虎的博士学位论文围绕这一问题开展了较为系统、深入的研究，并取得了具有理论意义和应用价值的创新性成果。

巫寅虎的博士学位论文系统考察了藻细胞利用磷生长的基本特性，并结合藻类生长动力学模型分析，提出了提高单位磷生物质产量的技术目标以及相应的藻种筛选标准；从 17 株微藻中筛选出利用内源磷生长能力最强的栅藻 LX1，进一步考察了培养条件对其利用内源磷生长的影响，掌握了其利用内源磷生长过程的生理生化特性变化。该论文取得的主要创新性成果如下：

(1) 通过实验研究和理论分析，提出了同时实现高生长速率和高单位磷生物质产量的藻种筛选标准，即藻种的最小细胞磷含量 Q_0 应低于 0.1%，并从 17 株能源微藻中筛选得到了满足该标准的藻种。该成果为选择适于大规模培养的藻种提供了重要的理论依据。

(2) 发现在利用内源磷生长的过程中，栅藻 LX1 的细胞种群密度达到稳定期后，其生物质干重仍然持续增长，并开始大量积累三酰甘油酯(TAGs)，油脂中的 TAGs 含量在稳定期后期达到最大值。该成果对于优化藻类的培养策略具有重要的工程意义。

(3) 发现在高氮、高光照条件下，藻细胞可充分利用内源磷生长，单位磷生物质产量与油脂含量呈正相关，并且可同时获得高生物质生产速率及高油脂含量。该成果在一定程度上破解了藻细胞生长速率与油脂含量的矛盾。

(4) 综合以上成果，提出了微藻大规模培养过程中，同时保障微藻快速生长和提高 TAGs 积累的磷理论添加量计算方法。

该论文取得的成果可为藻类生物质能源的可持续生产提供重要的理论基础和工程指导。

胡洪营

清华大学环境学院

2016 年 7 月

摘　要

藻类生物质能源是最具竞争力的化石燃料替代品之一。然而，其生产过程需要大量消耗不可再生资源。磷是一种日益短缺的战略性资源，同时也是藻类生物质能源大规模生产的限制性资源。促进藻细胞利用内源磷的生长，可提高单位磷的生物质产量，从而在相同的外源磷消耗量下，获得更多的藻类生物质。本研究在考察藻细胞利用磷生长的基本特性的基础上，结合藻类生长动力学分析，提出了提高单位磷生物质产量的技术目标以及相应的藻种筛选标准；从17株微藻中筛选出利用内源磷生长能力最强的栅藻LX1，系统考察了培养条件对其利用内源磷生长的影响，掌握了其利用内源磷生长过程中生理生化特性变化。

与提高生物质的收获及转化效率、提高生物质的油脂含量相比，增加单位磷的生物质产量能够更加有效地降低藻类生物质能源的磷消耗量。当单位磷生物质产量由100kg·kg^{-1}提高至300kg·kg^{-1}时，生产1kg生物柴油的磷消耗量将降低66%。为了实现这一目标，同时保证较高的藻细胞生长速率，应选择最小细胞磷含量(Q_0)低于0.1%的藻种。

在外源磷耗尽后，藻细胞可利用储存的内源磷进行生长，使得单位磷的生物质产量显著升高。本研究测试的17株能源微藻均具备利用内源磷生长的能力。其中，栅藻LX1的Q_0最低，仅为0.016%，其单位磷的理论生物质产量、油脂产量及三酰甘油酯(Triacylglycerols, TAGs)产量均显著高于其他微藻，分别达到6100kg·kg^{-1}、1830kg·kg^{-1}和680kg·kg^{-1}。

为了使栅藻LX1充分利用内源磷生长，外源磷的投加比例应控制在Q_0的5～10倍，外源氮磷的投加比例则为100∶1，同时提供充足的光照。在外源总氮充足的条件下，栅藻LX1可充分利用内源磷进行生长，其单位磷实际生物质产量与油脂含量呈正相关，从而可同时获得较高的生物质总产量和油脂含量。

在栅藻LX1利用内源磷生长过程中，其藻密度达到稳定后，生物质干重仍持续增长，这主要是由于单个细胞重量和尺寸的显著增大。外源氮磷初始浓度分别为 30mg·L^{-1}和 0.2mg·L^{-1}的条件下培养 30 天后，栅藻 LX1 的单细胞重量由 59.2pg 升高至 165.9pg，而细胞的宽度由 3.3μm 增大至 6.6μm，同时其沉降率由 25%提高至 57%。在利用内源磷生长后，栅藻 LX1 的蛋白质含量由生长初期的 49%显著降低至 9%以下，而其糖类、油脂及油脂中的 TAGs 含量则分别升高至 64%、34%和 61%。可见，利用内源磷生长时，能源物质含量显著增加，使栅藻 LX1 的生物质更有利于后续利用。

关键词：藻类生物质能源；微藻培养；磷资源；内源磷；最小磷含量

Abstract

Microalgal bioenergy is considered as one of the most promising substitutes of fossil fuels. However, in the production process of microalgal bioenergy the consumption of non-renewable resource is inevitable. Phosphorus is a kind of strategic resource, and the shortage of phosphorus will become important barrier of the production of microalgal bioenergy in large scale. Enhancing microalgal growth using intracellular phosphorus could produce more microalgal biomass with certain amount of phosphorus resource and increase microalgal biomass yield per phosphorus. This study investigated microalgal phosphorus absorption and growth properties, and proposed a technical goal of biomass yield per P along with microalgal species selecting criteria based on microalgal growth kinetic analysis. Furthermore, *Scenedesmus* sp. LX1, which was the most promising among 17 strains of bioenergy microalgae, was used as subject to investigate microalgal growth and lipid accumulation properties using intracellular phosphorus.

Compared with increasing the efficiency of biomass harvest and conversion or increasing the lipid content of biomass, increasing biomass yield per P was a more feasible way to reduce phosphorus consumption in the production of microalgal bioenergy. With the increase of biomass yield from 100kg · kg^{-1} to 300kg · kg^{-1}, the phosphorus consumption of 1kg biodiesel would decrease about 66%. In order to achieve this biomass yield target along with high growth rate, it was suggested that the minimal phosphorus content of microalgal cell (Q_0) should be lower than 0.1%.

After the depletion of dissolved phosphorus, microalgal cell could keep growing using intracellular phosphorus, thus leading to the increase of biomass yield per P. 17 microalgal strains tested in this study could grow using intracellular phosphorus. Among these microalgal strains, *Scenedesmus* sp. LX1 obtained the lowest Q_0, which was only 0.016%.

Furthermore, the theoretical biomass yield per P, the lipid production per P and the triacylglycerols (TAGs) production per P of *Scenedesmus* sp. LX1 were much higher than all the other microalgal strains, which reached 6100kg · kg^{-1}, 1830kg · kg^{-1} and 680kg · kg^{-1}, respectively.

In order to enhance the growth of *Scenedesmus* sp. LX1 using intracellular phosphorus, the addition amount of dissolved phosphorus should be 5～10 times of Q_0 and the addition ratio of N/P should be 100 with sufficient light intensity. When the initial total nitrogen was in the range of 5～50mg · L^{-1}, the biomass yield per P of *Scenedesmus* sp. LX1 increased with the increase of nitrogen concentration. When the initial total phosphorus increased from 0. 05mg · L^{-1} to 0. 5mg · L^{-1}, the total biomass production of *Scenedesmus* sp. LX1 increased significantly inducing serious light attenuation, and therefore the biomass yield per P was decreased. With sufficient dissolved nitrogen and light intensity, *Scenedesmus* sp. LX1 could grow adequately using intracellular phosphorus, and the biomass yield per phosphorus was positively related to microalgal lipid content. Therefore, high lipid content was achieved along with high total biomass production.

In the growth process of *Scenedesmus* sp. LX1 using intracellular phosphorus, due to the significant increase of the weight and the size of single cell, the dry weight of microalgal biomass kept growing after microalgal density reached stationary stage. When the initial dissolved nitrogen and phosphorus in the culture medium was 30mg · L^{-1} and 0. 2mg · L^{-1}, respectively, the cell weight of *Scenedesmus* sp. LX1 increased from 59. 2pg to 165. 9pg, the cell width increased from 3. 3μm to 6. 6μm, and the settleable ratio rised from 25% to 57% after 30-day cultivation. Furthermore, after growth using intracellular phosphorus, the protein content of *Scenedesmus* sp. LX1 decreased significantly from 49% to below 9%, but the carbonhydrate, lipid and TAGs content in lipids increased significantly to 64%, 34% and 61%, respectively. Thus, the biomass of *Scenedesmus* sp. LX1 was more suitable for bioenergy production after growth using intracellular phosphorus.

Key Words: Microalgal Bioenergy; Microalgal Cultivation; Phosphorus Resource; Intracellular Phosphorus; Minimal Phosphorus Content

缩写词及主要符号对照表

a	Logistic 模型中的常数
a_0	表观光合作用效率
ABS_{663}	样品在 663nm 处的吸光度值
ABS_{645}	样品在 645nm 处的吸光度值
A_C	藻类生物质傅里叶红外光谱中糖类的特征峰面积
ADP	二磷酸腺苷(Adenosine Diphosphate)
A_L	藻类生物质傅里叶红外光谱中油脂的特征峰面积
A_P	藻类生物质傅里叶红外光谱中蛋白质的特征峰面积
ATP	三磷酸腺苷(Adenosine Triphosphate)
ASP	"水生物种"项目(Aquatic Species Program)
C_C	藻类生物质中糖类的相对含量
Chl-a	叶绿素浓度
C_L	藻类生物质中油脂的含量
C_P	藻类生物质中蛋白质的相对含量
dN/dt	种群生物量增长速率
DHA	二十二碳六烯酸(Docosahexaenic Acid)
DNA	脱氧核糖核酸(Deoxyribonucleic Acid)
DTN	溶解性总氮(Dissolved Total Nitrogen)
DTP	溶解性总磷(Dissolved Total Phosphorus)
DW	干重(Dry Weight)
EPA	二十碳五烯酸(Eicosapentaenoic Acid)
I	光照强度或光量子通量密度
I_c	光补偿点
I_k	光饱和点
I_{opt}	最佳光照强度
K	藻细胞最大种群密度

K_N	Monod 模型中生长速率的半饱和常数(氮浓度)
K_s	Monod 模型中的参数
K_P	Monod 模型中生长速率的半饱和常数(磷浓度)
L	藻细胞的长度
N	藻细胞种群密度
P	光合放氧速率
P_m	光饱和时的最大光合放氧速率
Q_0	细胞最小磷含量
q_P	细胞内源磷含量
r	种群的内禀增长速率,指单个个体潜在的最大增长速率
R	生物质的平均生长速率
R_d	暗呼吸速率
R_{max}	种群生物量最大增长速率
RNA	核糖核酸(Ribonucleic Acid)
s	底物浓度
S	藻细胞的沉降率
S_N	培养液中的氮浓度
S_P	培养液中的磷浓度
t	培养时间
TAGs	三酰甘油酯(Triacylglycerols)
T_C	藻类生物质中糖类的重量
T_L	藻类生物质中油脂的重量
TN	总氮(Total Nitrogen)
T_P	藻类生物质中蛋白质的重量
TP	总磷(Total Phosphorus)
V	藻细胞的体积
W	藻细胞的宽度
x_0	单个藻细胞的重量
X	藻类生物质干重
X_S	藻类生物质中可沉降部分的重量
$Y_{potential}$	单位磷理论最大生物质产量
$Y_{x/p}$	单位磷实际生物质产量
α_N	外源氮投加系数

α_P	外源磷投加系数
η_C	藻类生物质油脂转化为生物柴油的转化效率
η_E	从藻类生物质中提取油脂的效率
μ	藻细胞比生长速率
μ_m	藻细胞理论最大比生长速率
ρ	单个藻细胞的密度

目　录

第1章 绪　论

1.1 研究背景

1.1.1 藻类生物质能源的优势及发展需求

藻类是一种光能自养型或兼性营养型的生物，能够通过光合作用吸收CO_2，合成油脂、糖类、蛋白质等多种有机物，将光能转化为化学能储存于藻细胞之中。藻类能够生存于目前已知的一切生态系统之中，从水生环境到陆生环境，甚至各种极端环境，是一类多样性非常丰富的生物(Mata et al.，2010)。目前，已探明的藻种数量超过5万种，但人类仅对其中3万种左右进行过系统研究(Richmond，2004)。广泛的生物多样性使得藻类能够合成的物质种类非常丰富，这为藻类生物质的多元化利用提供了可能，一些学者也直接将藻细胞称作"微型生物合成工厂"(Chisti，2007)。藻类生物质的主要用途如图1.1所示。

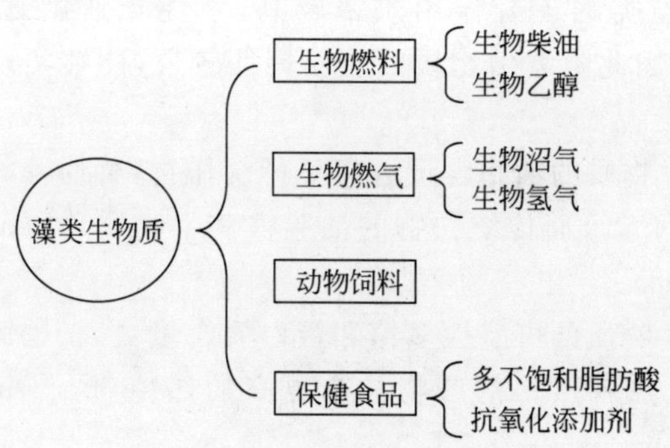

图1.1　藻类生物质的主要用途

藻细胞油脂中的三酰甘油酯(Triacylglycerols，TAGs)通过酯交换反应可以生产生物柴油(Schenk et al.，2008)，该生产工艺目前已经较为成熟，转化效率可以高达96%以上(Antolin et al.，2002)；藻类生物质中的糖类可通过发酵或厌氧消化等方式生产生物乙醇和生物沼气(Ho et al.，

2013；Sialve et al.，2009）；藻类可以通过生物光解水（Melis et al.，2000），或直接降解淀粉生产生物氢气（Gfeller et al.，1984）；藻类生物质中的蛋白质是动物饲料的优质原材料，可用作畜禽类饲料的添加剂，或直接生产鱼类饲料（Holman et al.，2013；刘世禄 等，1989）。此外，部分藻类还能合成极具营养价值的多不饱和脂肪酸（例如二十二碳六烯酸 DHA、二十碳五烯酸 EPA 等），能够增强人体免疫力的多糖类化合物，以及具有抗氧化抗衰老功能的化合物（例如虾青素、类胡萝卜素等）（Borowitzka，1986；Harun et al.，2010；Mata et al.，2010）。

与传统的化石能源相比，藻类生物质能源具有显著的优势：

（1）由于藻类在生长过程中吸收大量的 CO_2，因此藻类生物质能源是一种碳中性能源，其燃烧过程不会向大气中净排放 CO_2（Miao et al.，2006）；

（2）通过藻类培养，藻类生物质能够连续生产，保证了藻类生物质能源的可再生性；

（3）藻类生物质能源具备良好的生物降解性（Miao et al.，2006），其燃烧后排放的颗粒物、碳氢化合物和硫氧化物较少（Lang et al.，2001），是一种较为清洁的能源。

与其他类型的生物质能源相比，藻类生物质能源同样具备众多优势：

（1）由于藻类的光合作用效率较高，其生长速度远快于传统作物（Chisti，2007），因此藻类生物质的收获周期较短，能够实现高产量的连续生产；

（2）藻类生物质的油脂含量远高于传统作物，普通藻类生物质的油脂含量在 25%～45%，而传统作物的油脂占其生物质总重的比例通常低于 5%（Chisti，2008）；

（3）藻类生物质的可溶性多糖和蛋白质含量更高，因此其热解利用的难度更低，并且热解所得的产物具有更高的热值（Banerjee et al.，2002；Dayananda et al.，2007）。

由于藻类的生长速度和能源物质（油脂、糖类和蛋白质）含量均显著高于传统作物，因此以其为原材料生产单位能源（例如 1kg 生物柴油）的资源消耗量远远小于传统作物。以占地面积为例，Chisti（2007）对比了采用不同类型生物质能源供应美国 50%的交通运输燃油所需的土地面积，结果表明藻类生物质能源仅需占用全部耕地的 1%～2.5%，而大部分传统作物所需的耕地面积均超过 50%，甚至达到 100%以上。正是由于在资源消耗量方面的巨大优势，部分学者甚至将藻类生物质能源视作可替代化石能源的唯一生物质能源(Chisti，2008；Schenk et al.，2008)。

与太阳能、风能等其他新能源相比，藻类生物质能源最大的优势在于与当前能源动力系统的兼容性。藻类生物质生产的生物柴油和生物乙醇能够被目前的多数发动机利用(Levitan et al.，2014)，其生产的航空生物燃油已经完成了验证飞行。而对于太阳能、风能或者核能，由于与当前的能源动力系统并不兼容，因此这些能源的大规模应用不仅需要解决新能源的生产问题，还需要重新设计制造与之相匹配的动力系统。这包括了全球十亿辆汽车、上百万架飞机等。如此庞大的能源动力系统的革新，将会是一个漫长且花费巨大的过程。据粗略估计，全球的原油和天然气储量将分别在 40 年和 64 年后用尽(Vasudevan et al.，2008)，因此，与当前能源动力系统兼容性较好的藻类生物质能源将在人类社会的能源转型期发挥重要作用。

早在 1977 年，Benemann 等(1977)即对利用藻类生产生物质能源的可能性和前景做过详细分析。由于藻类生物质能源具备众多的优势和广阔的发展前景，美国能源部于 1978 年启动了“水生物种”项目(Aquatic Species Program，ASP)，专门研究利用藻类生产可持续的生物质能源。在随后长达近 20 年的时间里，“水生物种”项目的科研人员从美国各地筛选得到了超过 3000 株微藻，并通过对藻种生长特性的测定与评价，从中选出了 300 株左右性能优良的微藻进行系统研究(Sheehan et al.，1998)。通过“水生物种”项目，美国的科研工作者在藻种筛选、藻细胞油脂积累的基因调控以及藻类的开放塘(open pond)培养等方面均取得了大量的重要研究成果，而每升藻类生物燃料的价格则能控制在 0.37～1.16 美元(Sheehan et al.，1998)。

在 20 世纪 90 年代末，石油和传统柴油的成本较低，即使是现在，每升传统柴油的价格也仅为 0.35 美元(Zhang et al.，2003)。因此，过高的生产成本和价格限制了藻类生物质能源的大规模应用，美国的“水生物种”项目也在 1996 年停止。然而，进入 21 世纪，随着国际能源危机的加剧，石油价格开始飞速增长，在这样的背景下，藻类生物质能源再次成为研究热点，世界各国均启动了一系列相关的研究项目。

图 1.2 汇总了与藻类生物质能源相关的部分重要研究项目。美国于 2008 年启动了“微型曼哈顿”计划，作为“水生物种”项目的延续，旨在实现藻类生物质能源的工业化生产(Johnson，2007)。此外，还于 2007 年通过了《能源独立与安全法案》(Energy Independence and Security Act，EISA)，强

制规定在 2022 年之前，生物柴油的年产量至少需达到 10^9 gal[①](de Gorter et al.,2009)。日本在 1990 年至 2000 年开展了"地球研究更新技术"计划，进行相关研究。英国耗资 2600 万英镑，于 2009 年启动了"藻类生物燃料"项目，计划于 2020 年之前实现藻类生物燃料的商业化生产。

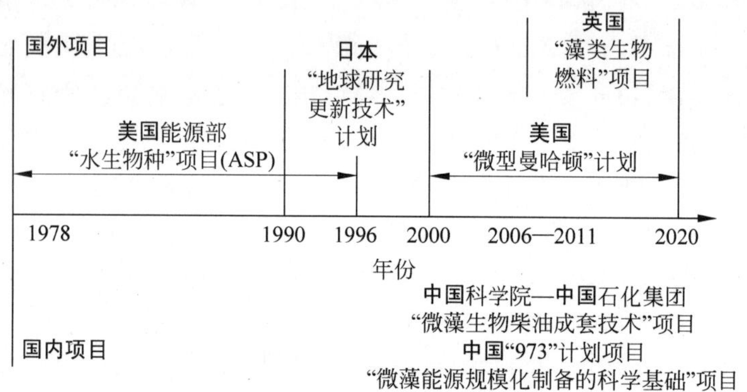

图 1.2 国内外与藻类生物质能源相关的科研项目

我国的相关研究起步较晚。2009 年中国科学院与中国石油化工集团联合启动了"微藻生物柴油成套技术"项目；2010 年"微藻能源规模化制备的科学基础"作为"973"计划项目正式立项，计划于 2015 年实现藻类生物质能源工业化生产中关键科学问题的突破。

上述的研究项目均以实现藻类生物质能源的工业化生产作为最终目标。然而，实际上目前绝大多数的研究中藻类的培养规模仅为几升到几十立方米，这就意味着要实现工业化生产需要将目前的培养规模扩大成千上万倍(Williams et al.,2010)。这毫无疑问会带来大量的经济技术问题，同时，如此大规模的藻类培养对于各种不可再生资源的消耗也非常值得关注。

1.1.2 全球磷资源的储备及消耗情况

磷是生物体必需的重要元素之一，能够用于合成 DNA、三磷酸腺苷(Adenosine Triphosphate,ATP)、磷脂等生命活动所必需的重要细胞物质，并参与众多的新陈代谢反应。同时，其在人类社会的生产生活中也有非常广泛的应用：在农业领域，磷是生产化学肥料和部分农药的重要原料；

① 1gal(加仑)=3.78L。

在工业领域，磷可用于生产表面活性剂、阻燃剂等重要原材料。

人类社会活动所使用的磷，绝大部分来自磷矿石。由于在自然条件下磷矿石的形成过程非常缓慢，因此这是一种不可再生的重要战略资源。全球磷资源的储备情况①如表1.1所示，其中磷矿石储量是指工业品位的矿石总量，是当前技术条件下能够较为经济地开发利用的资源总量；基础储量是指磷矿石储量与一级矿区边界品位资源的总和；而矿区边界品位总量则是前两者与次级矿区边界品位资源的总和，代表磷资源的储备总量。

表1.1　全球磷资源的储备情况

磷资源储备总量/Gt			参考文献
磷矿石储量	基础储量	矿区边界品位总量	
6.0	21.8	83.7	Van Vuuren et al.，2010
5.0	14.1	29.5	
4.0	7.6	15.4	
5.0	14.1	—	USGS，2008
5.7	16.1	29.5	Smil，2000
—	10.7	29.3	Herring et al.，1993
—	8.7	18.9	Krauss et al.，1984
—	6.0	21.8	Cathcart et al.，1984
8.0	22.0	30.0	Steen，1998
3.6	11.0	30.0	
—	—	46.0	Brinck，1977
5.2	13.2	33.4	平均值

注：本表修改自Van Vuuren et al.，2010。

从表1.1可知，虽然全球磷资源的储备总量较大，但是其中适于开发利用的磷矿石所占比例却不高。按照不同研究者的统计，磷矿石仅占磷资源总量的7.1%～26.7%。此外，磷资源在全球范围内的空间分布也极其不均匀，仅集中分布于中国、美国和非洲等少数国家和地区（Van Vuuren et al.，2010）。而部分磷资源极度匮乏的国家，例如日本，只能完全依靠进口。

由于磷资源的不可再生性，对其消耗的预测逐渐成为了一个研究热点。Van Vuuren等人（2010）在其研究中采用千年生态系统评估（Millennium

① 本章中磷资源量按P_2O_5的质量计。

Ecosystem Assessment)的方法对1970年至2100年间全球范围内磷资源的消耗过程进行了模拟和预测。Van Vuuren等人将全球磷资源的总量划分为高、中、低三个等级,分别为83.7Gt、29.5Gt和15.4Gt,并采用四种不同的消耗模型进行了预测。研究结果表明,21世纪中叶,世界上众多国家和地区将面临严重的磷资源短缺危机,只能依靠进口维持磷资源的供应;在最不利的情况下,到2100年全球40%～60%的磷资源将被耗尽;而即使在最乐观的估计下,到2100年全球磷资源的消耗量也将达到总量的20%～35%(Van Vuuren et al.,2010)。值得注意的是,Van Vuuren等人考察的是磷资源储备总量的消耗情况,而只占其中较少比例的磷矿石将被更加迅速地消耗。

虽然中国是磷资源大国,资源的储备总量位居世界第二,仅次于摩洛哥,然而我国磷矿石的质量并不高,高品位矿(P_2O_5含量超过30%)仅占总量的8%,其余绝大多数是品位较低的中品位矿(P_2O_5含量为12%～30%)和贫矿(P_2O_5含量小于12%)(刘征 等,2005)。因此,在相同的磷矿产量下,我国用于开采和生产的费用将更高,利用的难度也更大。胡慧荣等(2007)研究指出,按照现有的磷矿石开采速度,我国磷资源储量仅够维持70年左右的使用,其中还包括了占资源储备总量90%以上的中低品位矿石。如果仅考虑高品位磷矿,我国的磷矿石储量仅能维持使用10～15年。

综合上述研究结果可知,全球范围内磷资源并不会在短期面临耗竭的风险,但是长期而言,磷资源的短缺将成为人类社会可持续发展的重要制约因素。

1.1.3 藻类生物质能源大规模生产对磷资源的需求

通常情况下,藻细胞的磷含量为1%左右(Borchard et al.,1968),而在对磷进行超富集(luxury uptake)后,藻细胞的磷含量可高达近4%(Powell et al.,2009)。因此,藻类生物质的大规模生产将伴随着对磷资源的大量消耗。按照美国《能源独立与安全法案》的设想,在2022年之前生物柴油的年产量应达到10^9gal以上(de Gorter et al.,2009)。而以藻类生物质作为原材料进行生物柴油的生产,是现有生物柴油生产工艺中资源消耗量最小的(Chisti,2008; Schenk et al.,2008)。按照通常状态下藻类生物质中30%的油脂含量(Sheehan et al.,1998)、当前技术水平下70%的油脂提取效率(Lee et al.,2010)以及96%的油脂转化率(Antolin et al.,2002)计算,为了实现《能源独立与安全法案》的目标,藻类生物质的年产量将超过10^7t。如此巨大的生产规模，将不可避免地消耗大量的磷资源。

藻类生物质能源对于各类资源的消耗量是当前生命周期评价领域的研究热点之一。表 1.2 列出了藻类生物质能源对于多种重要资源的消耗量，包括土地资源、CO_2、水资源以及氮磷资源。其中，对于土地资源的占用量较少，并且能够大量吸收 CO_2 是藻类生物质能源的重要优势；氮资源则可通过工业固氮不断从大气中获取，由于大气中氮的储量较大，因此并未被视作限制性资源；然而，如前所述，磷资源却是一种不断流失的不可再生资源。

表 1.2　藻类生物质能源对各类资源的消耗

资源种类	藻类生物质能源产量/(10^8 gal·y^{-1})	单位能源的资源消耗/kg^{-1}	资源总消耗量	参考文献
土地	10	1.39×10^{-4} acre*	4.76×10^6 acre 1.2%耕地面积	Pate et al.,2011
土地	70	1.89×10^{-5} ha	4.5×10^6 ha 2.5%耕地面积	Chisti,2007
CO_2	10	10kg	3.5×10^8 t 48%工业源排放量	Pate et al.,2011
水	1	3726kg	4.13×10^{13} t 85.7%全美耗水量	Yang et al.,2011b
水	10	—	2.29×10^{13} t 19%区域耗水量	Pate et al.,2011
氮	1	0.33kg	2.19×10^6 t 16%全美氮消耗量	Yang et al.,2011b
氮	10	0.44kg	1.5×10^7 t 107%全美氮消耗量	Pate et al.,2011
磷	1	0.71kg	4.73×10^6 t 103%全美氮消耗量	Yang et al.,2011b
磷	10	0.062kg	2.1×10^6 t 51%全美氮消耗量	Pate et al.,2011

* 1acre(英亩)=0.405ha(公顷)=4046.86m^2。

Yang 等(2011b)对藻类生物质能源大规模生产的资源消耗进行了生命周期评价。结果表明，利用藻类生物质每生产 1kg 生物柴油，将消耗

0.71kg 磷酸盐。而在《能源独立与安全法案》所预期的生产规模下，每年仅利用藻类生物质生产生物柴油的磷资源消耗量将达到 4.73×10^{6} t，这将超过现有的全美年均磷消耗量(Yang et al.,2011b)。其他的研究者也报道了类似的结果。Pate 等(2011)在其研究中将藻类生物燃料的年产量定为 10^{9} gal，这相当于全美交通运输燃料年消耗量的 15%。在这样的生产规模下，藻类生物质能源的磷资源消耗将达到全美磷消耗量的 51%(Pate et al.,2011)。

上述生命周期评价结果表明，藻类生物质能源的大规模生产将大量消耗磷资源。虽然藻类培养占用的耕地面积较少，甚至可以利用一些不适于农作物种植的土地，并不会与农作物竞争农业用地(缪晓玲 等,2004)，但是其对磷资源的消耗却是不可避免的。目前，世界范围内开采的磷矿石近 80%用于生产各种农业磷肥(胡慧蓉 等,2007)，而藻类生物质能源的大规模生产很有可能与农作物竞争磷资源(Pate et al.,2011)。因此，在保证产量及生产速度的前提下，有效降低对磷资源的消耗对于保障藻类生物质能源的可持续生产有重要意义。

1.1.4 降低磷资源消耗的途径

藻类生物质能源的生产是一个复杂的过程，包括了藻类培养、藻类生物质收获、藻类生物质转化等一系列步骤。虽然磷资源仅在藻类培养中被直接消耗，但是藻类生物质的油脂含量、收获效率和转化效率等关键参数都将影响相同能源生产目标下的生物质需求量，从而对磷资源的消耗量产生重要的影响。

藻类生物质能源的生产流程如图 1.3 所示。整个生产流程可以分为四个步骤：(1)藻类培养，将磷资源转化为藻类生物质；(2)藻类生物质的收获及油脂提取；(3)生物质的转化过程，将油脂转化为生物柴油，而藻渣转化为生物燃气；(4)磷的回收利用，将藻渣转化过程中释放的磷回用于藻类培养。

以上四个步骤分别对应四个关键参数：(1)单位磷生物质产量，即将磷资源转化为藻类生物质的效率；(2)油脂含量，即藻类生物质中可用于生物柴油生产的油脂含量；(3)生物质的收获及转化效率，即藻类生物质的收获效率与利用生物质生产能源的效率的乘积；(4)磷的回用效率，即磷资源回用于藻类培养的回收率。

目前从藻类生物质中回收磷的研究较少，缺乏可以参考的数据。Jena

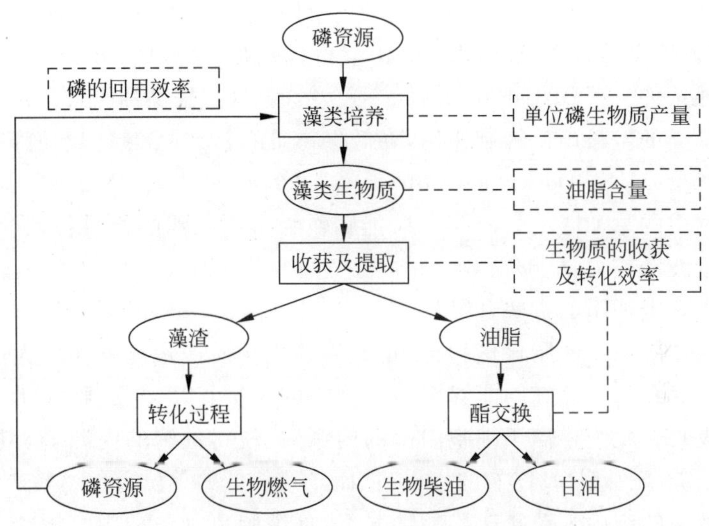

图 1.3 微藻生物质能源的磷资源消耗分析

等人(2010)尝试将藻类生物质热解后的水相副产物(aqueous co-product)回用于藻类培养,但是并未给出生物质的转化效率及对磷的回收效率。并且,由于细胞壁的存在,藻细胞胞内物质的释放将需要消耗大量能量(Sialve et al.,2009),因此,仅以回收磷为目的的生物质转化过程很可能无法实现净产能。比较实际的做法是,将藻类生物质能源生产过程中从藻细胞内释放的磷回用于藻类培养,例如,将藻类生物质的厌氧消化液回用于藻类培养。但是,由于藻细胞具有较厚的细胞壁以及较高的蛋白质含量,其厌氧发酵过程的生物质转化效率并不会太高(Sialve et al.,2009),从而将导致磷的回收效率低下。此外,由于磷的回收过程将对藻类生物质进行复杂转化,最终得到的产物并不是单纯的氮磷营养盐,其中是否会含有抑制藻类生长的组分也仍然需要进一步研究。

由于磷末端回收的不确定性,因此在藻类生物质能源的生产过程中直接削减磷资源的消耗就显得十分必要。目前,藻类生物质的收获及转化工艺相对成熟,藻类生物质中油脂的提取效率可达 70%以上(Lee et al.,2010),油脂的转化效率更是高达 96%以上(Antolin et al.,2002)。因此,通过提升转化效率以降低磷资源的消耗,可操作空间非常有限。

通过提高油脂含量从而削减藻类生物质能源对磷资源的消耗量,这种方式的效果也是十分有限的。藻类生物质通常含有 30%左右的总油脂

(Sheehan et al.,1998),其油脂含量在不利的生长条件下往往能够得到提高,例如氮磷营养缺乏(Rodolfi et al.,2009)、高盐度(Azachi et al.,2002)或高光强条件下(Pruvost et al.,2008)。然而,这些提高油脂含量的方法往往会对藻类的生长产生抑制作用,降低生物质的总产量,最终反而降低了油脂的总产量(U.S. Department of Energy,2010; 胡洪营 等,2011)。并且,藻类生物质的总油脂中只有TAGs能够作为生物柴油的原材料,其在油脂中的含量波动较大,能够在8%~80%之间变化(Hu et al.,2008),这进一步降低了藻类油脂的有效含量。

与转化效率和油脂含量相比,单位磷的生物质产量能够在更大的范围内变化。这是由于藻细胞能够对培养液中的磷进行超富集,将大量的细胞外源磷吸收转化为存储于细胞内部的内源磷,使得细胞的内源磷含量远高于通常培养条件下1%左右的水平,从而导致较低的单位磷生物质产量;而在培养液中的细胞外源磷耗尽的情况下,藻细胞也具备利用内源磷生长的能力,使得细胞磷含量下降至远低于1%,从而提高单位磷生物质产量。Powell等人(2009)在研究中发现,较高的外源磷浓度容易导致藻细胞对磷进行超富集,从而使得藻细胞的内源磷含量上升至约3.85%,对应的单位磷生物质产量仅为25.9kg·kg^{-1}①;而在外源磷耗尽的磷饥饿状态下,藻细胞的内源磷含量下降至0.21%,对应的单位磷生物质产量高达476kg·kg^{-1},从而使得藻类生物质能源生产过程的磷资源消耗量仅为通常情况的20%左右。

综上所述,与提高转化效率和油脂含量相比,提高单位磷的生物质产量能够更加有效地降低藻类生物质能源的磷资源消耗。

1.2 研究现状

1.2.1 藻细胞对磷的吸收及储存

藻细胞对磷的吸收利用过程如图1.4所示。外源磷酸盐可通过自由扩散或主动运输穿过细胞膜,进入藻细胞(Borchard et al.,1968),再与二磷酸腺苷(Adenosine Diphosphate,ADP)反应生成三磷酸腺苷(ATP),参与到各种新陈代谢反应中。进入藻细胞的磷有两个主要的去向:其一是合成

---

① 本书定义单位磷生物质/油脂/TAGs产量为每千克磷所产出的相应物质的质量。

DNA、RNA 和磷脂等各种新陈代谢所必需的细胞物质；其二则是合成多聚磷酸盐，储存于藻细胞中。多聚磷酸盐的合成速率主要受到外源磷酸盐浓度、光照强度以及温度的影响（Powell et al.，2008）。

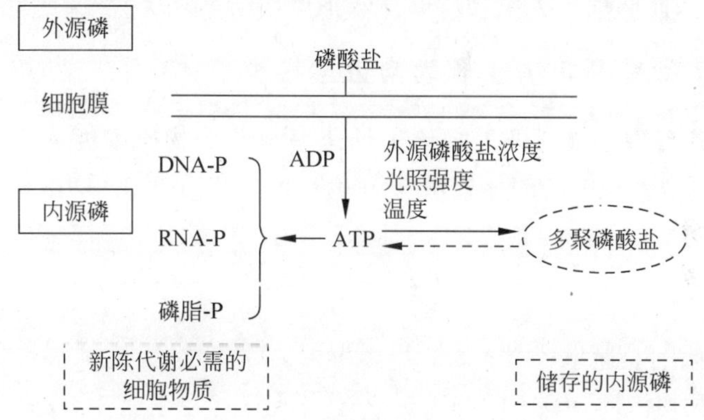

图 1.4　藻细胞对磷的吸收及利用过程

多聚磷酸盐是一种由高能磷酸酐键连接而成的线性聚合物，包含了几个至上百个磷酸根残基，其分子结构如图 1.5 所示（Thilo，1959）。这种聚合物是各种生物细胞储存磷的主要形式（Kulaev et al.，1999）。在外源磷充足时，藻细胞能够将其大量吸收，并以多聚磷酸盐的形式储存于细胞中，使得藻细胞的磷含量远远高于维持其生长繁殖所需的最小磷含量（Q_0），这一过程被称作藻细胞对磷的超富集现象（Borchard et al.，1968；Powell et al.，2009）。当外源磷酸盐耗尽后，藻细胞内的多聚磷酸盐将分解产生 ATP，从而支撑藻细胞的进一步生长（Kulaev et al.，1999；Powell et al.，2009；Rao et al.，2009）。这种将外源磷吸收后大量存储于细胞中的能力，使得藻细胞具备了很强的利用内源磷生长的潜力。促进藻细胞利用内源磷的生长，充分利用藻细胞中储存的内源磷，能够在外源磷消耗量相同的条件下获得更多的藻类生物质，从而有效提高单位磷资源的藻类生物质产量。

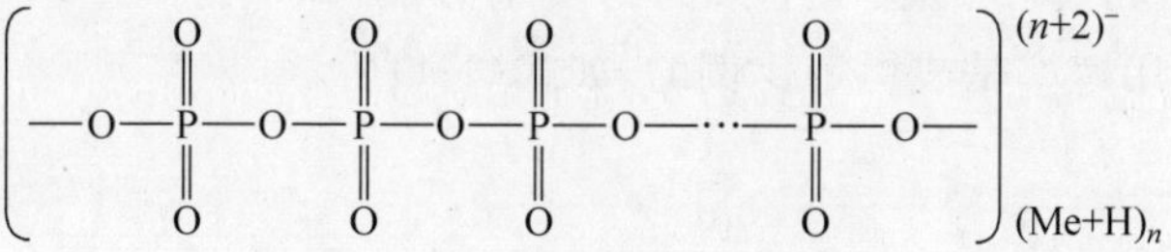

$$\left(\begin{array}{c} \mathrm{O}\quad\ \ \mathrm{O}\quad\ \ \mathrm{O}\qquad\qquad\ \mathrm{O} \\ \| \quad\ \ \| \quad\ \ \| \qquad\qquad\ \| \\ -\mathrm{O}-\mathrm{P}-\mathrm{O}-\mathrm{P}-\mathrm{O}-\mathrm{P}-\mathrm{O}-\cdots-\mathrm{P}-\mathrm{O}- \\ \| \quad\ \ \| \quad\ \ \| \qquad\qquad\ \| \\ \mathrm{O}\quad\ \ \mathrm{O}\quad\ \ \mathrm{O}\qquad\qquad\ \mathrm{O} \end{array}\right)^{(n+2)^-}_{(\mathrm{Me+H})_n}$$

图 1.5　多聚磷酸盐的分子结构

然而，当前的研究主要关注藻细胞对磷的超富集现象，并试图将这种能力应用于去除污水中的磷(Powell et al.，2009；Powell et al.，2008)，藻细胞利用内源磷的生长潜力并未得到足够的关注。如何促进藻细胞利用内源磷的生长，从而实现藻类生物质的高效生产尚缺乏系统研究。

1.2.2　藻细胞利用磷生长的动力学模型

Monod 模型是描述微生物比生长速率与营养物质浓度关系的经典生长动力学模型。其最早的形式由 Teissier 于 1932 年提出(Droop，1983)，如式(1-1)所示：

$$\frac{d\mu}{ds}=\frac{\mu_m-\mu}{K_s} \tag{1-1}$$

式中，μ 为比生长速率，d^{-1}；

s 为底物浓度，$mg \cdot L^{-1}$；

μ_m为理论最大比生长速率，d^{-1}；

K_s为量纲与底物浓度相同的模型参数，$mg \cdot L^{-1}$。

Teissier 的学生 Monod 于 1942 年将式(1-1)简化为如下形式：

$$\frac{\mu}{s}=\frac{\mu_m-\mu}{K_s} \tag{1-2}$$

此式中各参数的意义与式(1-1)相同，但是 K_s也被称作半饱和浓度，其物理意义是当比生长速率 μ 恰好等于理论最大比生长速率 μ_m一半时的底物浓度。

在对实际试验数据的拟合中，式(1-1)和式(1-2)的差距并不大(Droop，1983)。由于式(1-2)的数据处理与计算更加简洁，因此被广泛应用于微生物学中。式(1-2)通常也变形为：

$$\mu=\frac{\mu_m s}{K_s+s} \tag{1-3}$$

式(1-3)即为通常所说的 Monod 模型，被广泛应用于描述外源的氮磷浓度对藻细胞生长的影响(Li et al.，2010a；Yang et al.，2011a)。

式(1-1)和式(1-2)有一个共同的模型假设，即生物质的增长速率与底物的吸收利用速率是成恒定比例的，如式(1-4)所示：

$$\frac{dx}{dt}=-Y\frac{ds}{dt} \tag{1-4}$$

式中，x 为生物量，$mg \cdot L^{-1}$；

s 为底物浓度，$mg \cdot L^{-1}$；

Y 为产率系数，$mg \cdot mg^{-1}$。

式(1-4)成立的前提条件是生物质的化学组成保持恒定。然而，大量的研究结果表明藻类在对外源磷的吸收利用过程中，细胞的磷含量会发生较大的变化。比较典型的例子是藻细胞对磷的超富集现象以及当外源磷耗尽后利用内源磷生长的过程。

藻细胞对磷的超富集现象最初由 Ketchum(1939)于 1939 年发现，随后由 Kuenzler 等人(1962)以硅藻三角褐指藻(*Phaeodactylum tricornutum*)为研究对象进行了详细考察。这一现象是指在未进行预先饥饿处理的情况下，藻细胞大量吸收磷但是却未生长(Borchard et al.，1968)，通常发生在光照强度较强以及外源磷浓度较高的培养条件下。在这种情况下，藻细胞的生长明显滞后于对外源磷的吸收，藻细胞的磷含量将大大超过通常情况下1%左右的水平，达到 4%甚至更高。然而，按照式(1-3)Monod 模型，当外源磷浓度 s 较高时，藻细胞的比生长速率应该也相对较大，这与实际现象明显不符。

除了对磷的超富集外，藻细胞也能够将储存于细胞中的内源磷作为基质，在外源磷耗尽后仍然保持较高的生长速率(Stewart，1974)。然而，按照 Monod 模型，当外源磷耗尽后，藻细胞的比生长速率应该降低为零，这同样与实际现象不符(Droop，1983)。

针对 Monod 模型的缺陷，Droop 在详细研究单鞭金藻(*Monochrysis Lutheri*)利用维生素 B_{12} 生长情况的基础上，提出了 Droop 模型(Droop，1968)，如式(1-5)所示：

$$\mu = \mu_m \left(1 - \frac{Q_0}{q_n}\right) \tag{1-5}$$

式中，μ_m 为理论最大比生长速率，d^{-1}；

Q_0 为维持细胞生命活动所需的最小营养元素含量；

q_n 为细胞内营养元素的实际含量；

μ 为细胞内营养元素含量为 q_n 时的比生长速率，d^{-1}。

Droop 模型建立了藻细胞的比生长速率与其胞内营养元素含量之间的直接关系。虽然其提出时考察的营养元素仅仅是维生素 B_{12}，但是随后该模型即被应用于描述藻细胞的比生长速率与胞内氮磷含量之间的关系，并在很多情况下取得了优于 Monod 模型的数据拟合效果(Droop，1973；1983；Flynn，2008；Healey，1985；Mairet et al.，2011)。

按照 Droop 模型对参数 q_n 及 Q_0 的定义，单位质量磷资源的藻类生物质产量或者产率系数可按式(1-6)计算：

$$Y_{x/p}=\frac{1}{q_{\mathrm{P}}} \tag{1-6}$$

式中，$Y_{x/p}$为单位磷藻类生物质产量，$\mathrm{kg\cdot kg^{-1}}$；

q_{P}为藻细胞内源磷含量(质量分数)。

当q_{P}降低至藻细胞最小磷含量Q_0时，$Y_{x/p}$将达到其最大值，即单位磷理论最大生物质产量$Y_{\mathrm{potential}}$。

由于不同藻种维持生命活动所需的最小磷含量Q_0不同，因此，利用不同藻种进行藻类生物质生产时，所能达到的单位磷生物质理论最大产量也将不同。值得注意的是，$Y_{\mathrm{potential}}$这一参数是模型计算的结果，在通常情况下难以达到，并且其仅与藻种相关；而单位磷实际生物质产量$Y_{x/p}$则主要受到培养条件的影响。

表1.3列出了不同藻种的Q_0值。在现有研究中，研究者对于单位磷的生物质理论最大产量关注较少，Q_0值通常是以单个藻细胞中的磷含量来表示。然而，由于研究者通常并未测定单个藻细胞的重量，因此这些结果无法转化为单位磷的生物质理论最大产量$Y_{\mathrm{potential}}$。同时，现有研究关注较多的是与水华暴发相关的微藻，对于目前常用于生物质能源生产的微藻关注较少，因此多种典型能源微藻的$Y_{\mathrm{potential}}$值尚不清楚。

表1.3 不同藻种的Q_0值

藻　　种	Q_0	参考文献
尖头颤藻(*Oscillatoria agardhii*)	0.179%*	Healey,1985
河生水绵(*Spirogyra fluviatilis*)	0.06%*	Borchardt,1994
成列拟菱形藻(*Pseudo-nitzschia seriata*)	$1.8\times10^{-6}\,\mu\mathrm{g}$	Davidson et al.,2006
混合藻种	0.21%*	Powell et al.,2009

* 占藻细胞干重(Dry Weight,DW)的比例。

1.2.3 单位磷实际生物质产量

如前所述，虽然单位磷的生物质理论产量$Y_{\mathrm{potential}}$仅与藻种相关，但是实际产量却会受到培养条件的显著影响。表1.4列出了一些微藻在不同培养条件下的内源磷含量以及对应的单位磷实际生物产量。可以看出，虽然Borchard等人(1968)早在1968年就报道了通常状态下藻细胞的磷含量为1%左右，对应$100\mathrm{kg\cdot kg^{-1}}$的单位磷实际生物质产量，然而，随着培养条件的不同，藻细胞的内源磷含量将发生很大的变化，从而导致单位磷的实际生物质产量在较大的范围内波动。

表 1.4 不同培养状态下各种微藻的单位磷实际生物质产量

藻细胞的状态	细胞内源磷含量/%	单位磷的生物质产量/($kg \cdot kg^{-1}$)	参考文献
一般藻细胞*	1	100	Borchard et al.，1968
藻细胞的 Stumm 分子式	0.87	114.9	Li et al.，2010a
富集磷的栅藻细胞	3.85	25.9	Powell et al.，2009
磷饥饿胁迫下的栅藻细胞	0.21	476.2	Powell et al.，2009
BG11 培养的栅藻 LX1	0.63	158.7	Wu et al.，2012
生活污水二级出水培养的栅藻 LX1	0.43	232.6	李鑫，2011

* 既未过量吸收磷，也未处于磷饥饿状态的藻细胞。

Powell 等人(2009)发现，在对磷进行超富集后，栅藻细胞的内源磷含量可高达 3.85%，对应的单位磷实际生物质产量约为 25.9$kg \cdot kg^{-1}$；而同一藻种在外源磷耗尽后的磷饥饿状态下，细胞的内源磷含量可降至0.21%，从而使得单位磷的实际生物质产量升至 476.2$kg \cdot kg^{-1}$。与之类似，当栅藻 LX1 在营养充足的 BG11 培养基中(初始总氮为 247.5$mg \cdot L^{-1}$，初始总磷为 5.4$mg \cdot L^{-1}$)进行间歇培养时，其内源磷含量可降至 0.63%，单位磷的实际生物质产量则可达到 158.7$kg \cdot kg^{-1}$(Wu et al.，2012)；而当栅藻 LX1 在生活污水二级出水中(初始总氮为 15$mg \cdot L^{-1}$，初始总磷为 1.5$mg \cdot L^{-1}$)进行间歇培养时，其内源磷含量则可进一步降至 0.43%，单位磷的实际生物质产量则升至 232.6$kg \cdot kg^{-1}$(李鑫，2011)。

现有的藻类培养研究对于单位磷的实际生物质产量关注较少。虽然有一些零星的结果，但是由于缺乏系统研究，从这些结果中并不能总结出培养条件对单位磷实际生物质产量的影响规律。

1.2.4 藻细胞利用内源磷生长的生理生化特性

在藻细胞利用内源磷生长的过程中，其磷含量将发生显著的变化，导致细胞生理生化状态的改变，从而影响藻类生物质中油脂、蛋白质和糖类等物质的含量。而这些关键物质的含量将影响生物质能源的生产过程，以及藻类生物质的其他后续利用。在当前的微藻培养研究中，一些研究者已开始关注磷饥饿状态下藻细胞的生理生化特性。磷饥饿状态即是指外源磷耗尽后，藻细胞利用内源磷生长的状态。

Borchardt(1994)考察了不同流速的连续培养条件下，河生水绵(*Spirogyra fluviatilis*)的光合作用放氧活性随其细胞内源磷含量的变化。结果表明，在 $3cm \cdot s^{-1}$、$12cm \cdot s^{-1}$ 以及 $30cm \cdot s^{-1}$ 的流速下，河生水绵的光合作用放氧速率随细胞磷含量的降低而逐渐减小。当细胞内源磷含量降低至 0.2%以下时，其光合放氧速率急剧下降，由约 $80mg \cdot g^{-1} \cdot h^{-1}$ 迅速降低至 $30mg \cdot g^{-1} \cdot h^{-1}$。上述结果证明，藻细胞内源磷含量的变化将影响细胞的光合作用活性，而光合作用是藻细胞进行物质合成的起点，其活性的变化将对藻细胞的形态结构、物质组成等其他生理生化状态造成显著影响。然而，这些内容在 Borchardt 的研究中并未涉及。

Lehman(1976)考察了二角盘星藻(*Pediastrum duplex*)在利用内源磷生长过程中细胞碳含量及其尺寸的变化，主要结果如图 1.6 所示。可以看出，与在外源磷充足的培养基中生长的藻细胞相比，利用内源磷生长的藻细胞富集了更多的碳，并且其尺寸显著增大。根据 Stokes 沉降定律，在密度无明显变化的情况下，藻细胞尺寸的增大将导致其沉降速率的显著增大，而重力沉降是大规模培养中最经济实惠的藻类生物质收获方式(Grima et al.,2003)。因此，在利用内源磷进行生长后，藻细胞很有可能由于尺寸的增大而更容易通过重力沉降进行收获。然而，Lehman 在其研究中并未考察藻细胞的沉降性能变化。

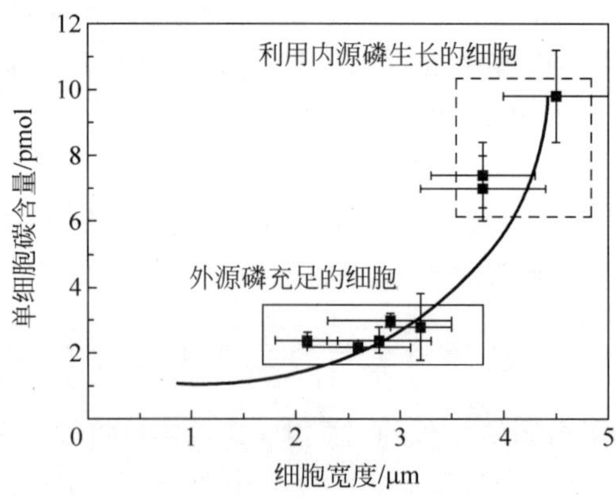

图 1.6　二角盘星藻在不同培养条件下的细胞碳含量及细胞尺寸

在藻细胞的物质组成方面，当前研究中关注较多的是藻细胞的油脂含量。Khozin-Goldberg 等人(2006)对比了蒜头藻(*Monodus subterraneus*)在外源磷充足状态下和磷饥饿状态下的生长及油脂积累情况，主要结果如表 1.5 所示。随着外源磷浓度由 175μmol·L^{-1}降低至 0，单个藻细胞的油脂含量由 1.6fg 增长至 4.4fg，而油脂中的 TAGs 则由 6.5%显著增长至 39.3%。

表 1.5 不同初始总磷浓度下蒜头藻的生长及油脂积累情况

初始总磷浓度 /(μmol·L^{-1})	藻细胞干重 /(mg·mL^{-1})	油脂总量 /(mg·mL^{-1})	单细胞油脂含量 /fg	油脂中 TAGs 含量/%
175	1.95	0.25	1.6	6.5
52.5	1.97	0.27	3.2	26.4
17.5	1.44	0.19	3.1	23.1
0	1.37	0.21	4.4	39.3

Li 等(2010a)在对栅藻 LX1 的研究中也发现了类似的现象。Li 等考察了栅藻 LX1 在初始总磷浓度分别为 0.1mg·L^{-1}、0.2mg·L^{-1}、0.5mg·L^{-1}、1mg·L^{-1}和 2mg·L^{-1}下的生长及油脂积累情况。结果发现，当初始总磷浓度为 0.1mg·L^{-1}时，栅藻 LX1 在接种后 1 天内就将培养基中的外源磷完全吸收，并在随后的 12 天中以内源磷为基质维持生长。最终，这一实验组藻细胞的油脂含量达到 50%以上，远高于其他的实验组，如图 1.7 所示。

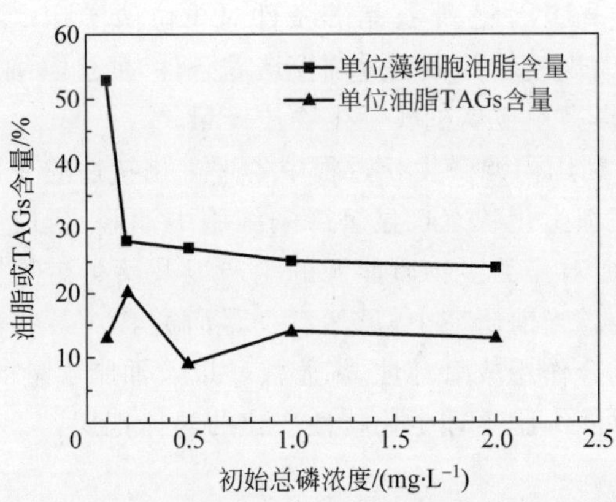

图 1.7 不同初始总磷浓度下栅藻 LX1 的油脂和 TAGs 含量(引用自李鑫,2011)

综合上述研究结果可知，藻细胞利用内源磷的生长过程可促进其油脂积累，并对油脂的组成产生显著影响。而藻类生物质中的油脂，特别是油脂中的 TAGs 恰恰是生产生物柴油的优质原料(Hu et al.,2008)。

然而,仅仅关注油脂是远远不够的。Lardon 等(2009)对藻类生物质能源生产过程的能量消耗及能量产出进行了生命周期评价。结果发现,在对藻类生物质进行油脂提取后,绝大部分的能量仍然残留于剩余的藻渣中。如果仅仅生产生物柴油,不对藻渣进行厌氧发酵或其他转化,则无法充分利用其中剩余的能量,那么整个藻类生物质能源的生产过程将无法实现净产能。因此,在考察藻细胞利用内源磷生长过程中物质组成的变化时,对于除油脂外的其他能源物质,例如蛋白质、糖类等的关注也是十分必要的。

1.3 有待进一步研究的问题

综合分析当前的研究现状,以下关键问题应得到充分重视并进行系统研究。

(1) 单位磷的藻类生物质生产潜力以及相应的调控手段

利用 1kg 磷究竟能够生产多少藻类生物质?不同藻种的单位磷理论最大生物质产量究竟有多大差距?对于这些关键问题的回答,有助于在藻类的大规模培养中选择适宜的外源磷投加量以及藻种,从而有效提高磷资源的利用效率。而相同藻种在不同的培养条件下,单位磷的实际生物质产量会有很大的差异。因此,掌握培养条件对单位磷实际生物质产量的影响规律,有助于在大规模培养中通过调控培养条件,促进藻细胞利用内源磷的生长过程,从而提高单位磷的实际生物质产量。

(2) 藻细胞利用内源磷生长过程中生理生化特性的变化

藻细胞的生理生化状态将显著影响细胞中油脂、蛋白质及糖类等能源物质的含量,从而对藻类生物质能源的生产以及藻类生物质的其他后续利用造成显著影响。当前研究中,虽然有少量研究者对某些藻种利用内源磷生长过程中的光合作用放氧活性、细胞尺寸以及油脂含量的变化有所涉及,但是仍然缺乏对藻细胞生理生化特性变化的整体把握。

1.4 研究目的与内容

1.4.1 研究目的

针对当前研究中尚未解决的问题,本论文的研究目的是:以典型能源微藻为研究对象，探明单位质量磷的藻类生物质生产潜力，以及培养条件对藻细胞利用内源磷生长的影响，掌握藻细胞利用内源磷生长过程中的生理生化特性，为藻类的大规模培养提供理论指导与技术支持。

1.4.2 研究内容

本论文的主要研究内容如下：

(1) 藻细胞利用磷生长的基本特性

以栅藻 LX1 为研究对象，对比其在充分提供外源磷的补料间歇培养条件下，以及外源磷耗尽后利用内源磷的生长过程，研究藻细胞利用磷生长的基本特性，及其利用内源磷生长的潜力。在此基础上，结合藻细胞的生长动力学分析，提出单位磷藻类生物质产量的技术目标，以及相应的藻种筛选标准。

(2) 不同微藻利用内源磷的生物质生产潜力

以小球藻、栅藻、雨生红球藻等常用于藻类生物质能源研究的藻种为研究对象，考察在外源磷耗尽之后藻密度、细胞干重、细胞磷含量以及油脂、TAGs 含量的变化，研究其生长动力学，得出各个藻种单位磷的理论最大生物质产量和油脂产量。在此基础上，按照前期研究制定的藻种筛选标准，选择利用内源磷生长能力最强的藻种作为后续研究的模式藻种。

(3) 培养条件对藻细胞利用内源磷生长的影响

以前期研究选出的藻种为研究对象，考察不同营养条件及光照强度下藻细胞对外源磷的吸收以及对内源磷的利用过程，掌握单位磷的实际生物质产量随培养条件的变化规律。

(4) 藻细胞利用内源磷生长的生理生化特性变化

以前期研究选出的藻种为研究对象，考察藻细胞利用内源磷生长过程中的生理生化特性变化，包括：藻细胞的叶绿素含量及其光合作用活性的变化，藻细胞形态结构及其沉降性能的变化，以及藻细胞中油脂、蛋白质、糖类这三类能源物质含量的变化。

1.4.3 技术路线

基于上述研究内容，本论文制定的技术路线如图 1.8 所示。

藻细胞利用磷生长的基本特性
单位磷生物质产量技术目标
不同藻种的单位磷生物质生产潜力对比
高效利用内源磷的模式藻种
影响因素
光照强度
初始总氮
初始总磷
影响
藻类生物质生产
单位磷的生物质产量
藻细胞的形态结构
藻细胞的光合作用活性
能源物质积累
油脂、蛋白质、糖类含量
能源物质组成特性
藻类生物质能源生产磷资源高效利用策略

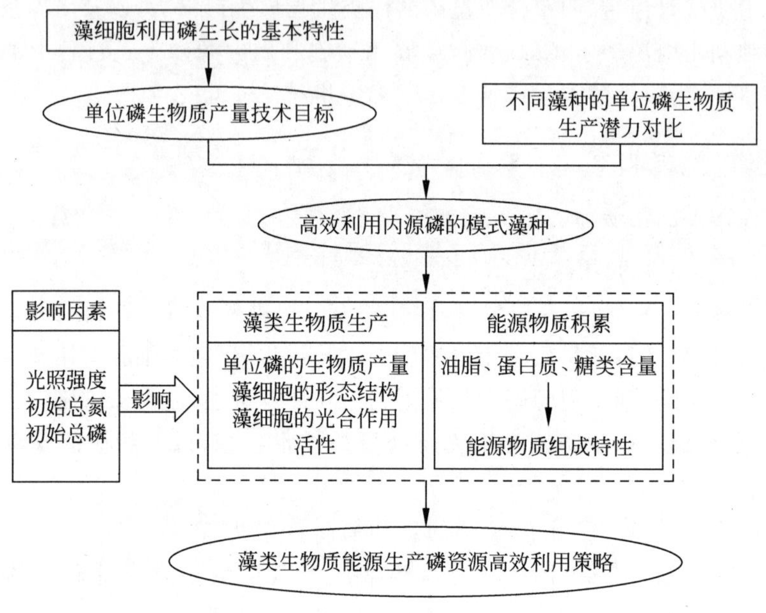

图 1.8　技术路线

第 2 章　藻细胞利用磷生长的基本特性

在外源磷充足的条件下，藻细胞能够将其大量吸收并储存于细胞中；而在外源磷耗尽后，藻细胞能够利用储存的内源磷进行生长繁殖(Stewart，1974)。现有研究关注较多的是藻细胞对磷的吸收与富集能力，并试图将其应用于污水的脱氮除磷过程(Hu et al.，2011；Oswald et al.，1957；Powell et al.，2009)；对于藻细胞在外源磷耗尽后利用内源磷的生长能力关注较少。在藻类的大规模培养中，充分发挥藻细胞利用内源磷生长的能力，可以大幅提高单位磷的生物质产量，从而在相同甚至更少的外源磷投加量下获得更多的藻类生物质。

本章以栅藻 LX1(*Scenedesmus* sp. LX1)为研究对象，采用不断补加营养盐的富营养条件以及外源磷快速耗尽的磷饥饿条件对其进行培养，对比其在两种条件下的生长和对外源磷的吸收情况，同时考察培养过程中藻细胞的内源磷含量以及单位磷生物质产量的变化，探索藻细胞利用内源磷的生长潜力及提高单位磷生物质产量的可能性。在此基础上，结合藻细胞的生长动力学分析，提出单位磷藻类生物质产量的技术目标，以及相应的藻种筛选标准。

2.1　材料与方法

2.1.1　材料

1. 藻种

栅藻 LX1 由本课题组从长期储存的自来水中分离获得(李鑫，2011)。该藻种能够在生活污水二级出水中良好生长，并具备较高的氮磷去除效率和较高的油脂含量(Li et al.，2010b)，在与多株高含油藻种的比较中具备较强的竞争优势(李鑫，2011)。

藻种保存于稀释 50%的 BG11 液体培养基中，以及 100%浓度的 BG11 琼脂平板上，每 30 天转接一次。

2. 培养基

基础培养基为微藻培养中常用的BG11培养基，其主要成分如表2.1所示。该培养基的初始总氮(Total Nitrogen, TN)浓度为247mg·L^{-1}，初始总磷(Total Phosphorus, TP)浓度为5.4mg·L^{-1}；柠檬酸和Na_2EDTA主要用于螯合金属离子，防止其与阴离子结合形成沉淀。

表2.1 BG11培养基的成分

化学成分	浓度/(mg·L^{-1})	化学成分	浓度/(mg·L^{-1})
$NaNO_3$	1500	Na_2EDTA	1
$K_2HPO_4\cdot 3H_2O$	40	H_3BO_3	2.86
$MgSO_4\cdot 7H_2O$	75	$MnCl_2\cdot 4H_2O$	1.81
$CaCl_2\cdot 2H_2O$	36	$ZnSO_4\cdot 7H_2O$	0.22
柠檬酸	6	$CuSO_4\cdot 5H_2O$	0.079
柠檬酸亚铁铵	6	$Na_2MoO_4\cdot 2H_2O$	0.39
Na_2CO_3	20	$Co(NO_3)_2\cdot 6H_2O$	0.049

3. 主要仪器设备

人工光照培养箱(哈尔滨市东联电子技术开发有限公司，HPG-280H)，高温灭菌锅(SANYO，MLS-3750)，超净工作台(AIRTECH，VS-1300L-U)，离心机(HITACHI，CF 16RX Ⅱ)，荧光显微镜(Leica，DM6000)，冷冻干燥机(上海爱朗仪器有限公司，FDU-1100)，精密电子分析天平(岛津，AUY220)，元素分析仪(Well Group Scientific Ltd.，CE-440)，电感耦合等离子体发射光谱仪(Varian Inc.，Vista-MPX)。

自行设计制作藻类培养装置一套，如图2.1所示。整套装置共12个柱式光生物反应器，每个反应器有效体积4.8L(ϕ70mm×1250mm)。通过底部曝气提供搅拌动力，防止藻细胞沉降。空气经过0.22μm滤膜过滤，以去除细菌等微生物。

2.1.2 方法

1. 藻类培养

首先在人工光照培养箱中进行无菌培养，待藻类生长进入对数生长期，即将其接种至光生物反应器中进行实验。

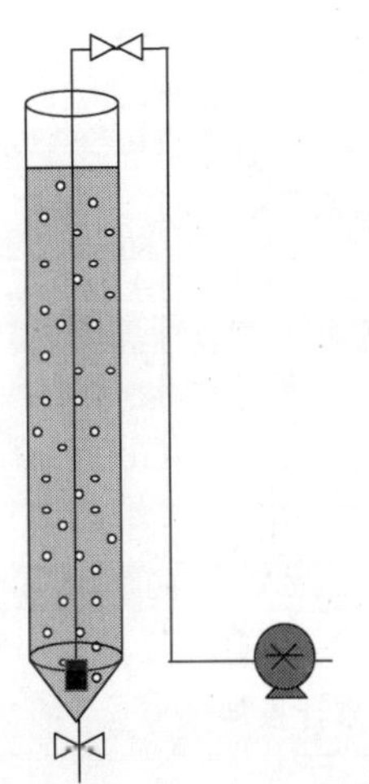
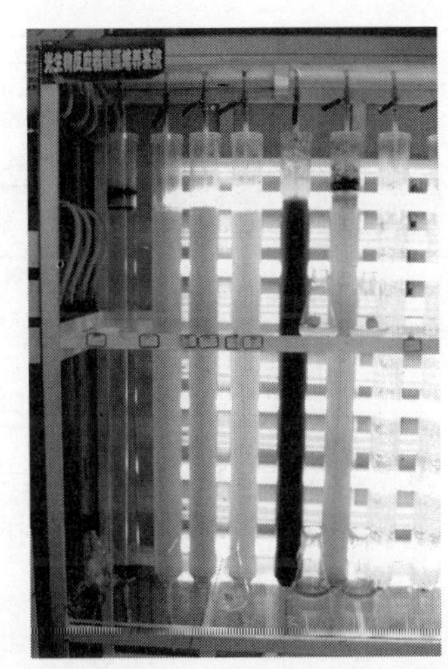

图 2.1　藻类培养装置

藻类培养分为两个阶段。第一阶段的培养在 500mL 锥形瓶中进行。向 500mL 锥形瓶中加入 200mL BG11 培养基，高温高压灭菌（121℃，30min），冷却后取 5mL 藻种液接种至上述培养基中，放入光照培养箱中培养。培养条件：光照强度 1400lx，光暗比 14h∶10h，温度 25℃。培养 5 天后，作为光生物反应器的藻种液使用。

第二阶段的培养在光生物反应器中进行。向光生物反应器中加入 4L 经过灭菌的 BG11 培养基，接种 100mL 藻种液。共设两个实验组，其一是传统的间歇培养，培养基仅在开始阶段一次性加入；另一个是补料间歇培养，每天根据藻类的生长及其对培养基中氮磷的吸收利用，向反应器中补充氮磷。

两种培养方式的氮磷累计投加量如图 2.2 所示。在对培养基中剩余的氮磷浓度进行实测时，按照氮磷浓度的实测值与初始氮磷浓度值的差距进行氮磷补加；而在仅测定藻类生物质的干重时，按照生物质的增长量以及前期研究中测定的藻细胞分子式 $C_{297}H_{515}O_{170}N_{26}P$（李鑫，2011）计算氮磷的投加量。

其他培养条件：光照强度 2000lx，光暗比 14h∶10h，温度 25℃。所有实验均在重复性条件下进行 3 次，下同。

2. 藻类生长测定

本章采用藻类生物质干重的变化表征藻类的生长。测定方法同悬浮固

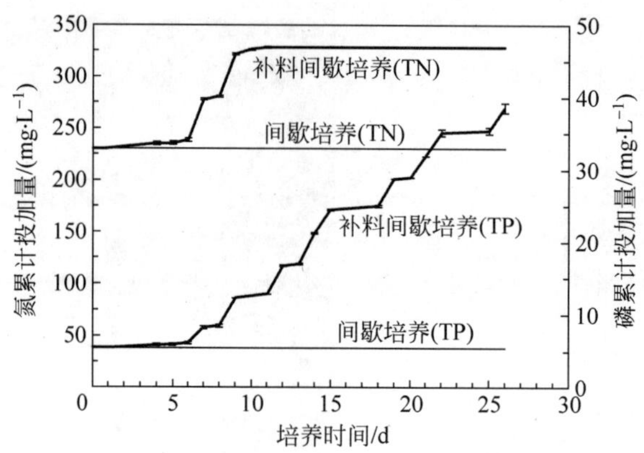

图 2.2 两种培养方式的氮磷累计投加量

体的测定方法：取 40mL 藻液，用事先烘干、称重的 0.45μm 滤膜过滤截留藻细胞，并置于 105℃烘至恒重，根据过滤前后滤膜的质量变化计算得出藻类生物质干重。

3. 藻类生长动力学分析

采用 Logistic 模型对藻类的生长过程进行动力学分析。该模型是描述有限资源环境下种群生物量增长速率受其自身种群密度制约的经典种群增长模型(黄翔飞，1999；李博，2000；李鑫，2011)，适用于描述间歇培养条件下藻类种群的增长规律。其基本表达式如式(2-1)所示。

$$N=\frac{K}{1+\exp(a-rt)} \tag{2-1}$$

式中，N 为 t 时刻的种群密度，mL^{-1} 或 $g\cdot L^{-1}$；

K 为最大种群密度，mL^{-1} 或 $g\cdot L^{-1}$；

a 为模型参数，无物理意义；

r 为种群的内禀增长速率，指单个个体潜在的最大增长速率，d^{-1}。

式(2-1)表示种群生物量随时间变化的生长曲线，呈“S”形。将式(2-1)两边取微分可以得到种群生物量增长速率的表达式，如式(2-2)所示。

$$\frac{dN}{dt}=rN\frac{K-N}{K} \tag{2-2}$$

式中，dN/dt 为种群生物量增长速率，$mL^{-1}\cdot d^{-1}$ 或 $g\cdot L^{-1}\cdot d^{-1}$。其他参数的物理意义同式(2-1)。

当种群密度(N)为最大种群密度的一半时，种群生物量增长速率($dN/$

dt)最大，计算公式如所示式(2-3)。

$$R_{\max} = \frac{rK}{4} \tag{2-3}$$

式中，$R_{\max}$为种群生物量最大增长速率。其他参数的物理意义同式(2-1)。

根据比生长速率的定义，种群的比生长速率可由式(2-4)计算。

$$\mu = \frac{\mathrm{d}N}{N\mathrm{d}t} = r\frac{K-N}{K} \tag{2-4}$$

4. 水质指标测定

水样经 0.45μm 滤膜过滤后用于水质指标的测定。测定方法参照《水和废水监测分析方法(第四版)》(国家环境保护总局《水和废水监测分析方法》编委会，2002)。培养基中溶解性总氮(Dissolved Total Nitrogen，DTN)浓度的测定采用过硫酸钾氧化紫外分光光度法，溶解性总磷(Dissolved Total Phosphorus，DTP)浓度的测定采用钼锑抗分光光度法。

5. 藻细胞内源氮磷含量测定

取 100mL 藻液离心(10 000r・min^{-1}×10min，4℃)，弃去上清液，将藻细胞沉淀冷冻干燥(20Pa，−45℃，24h)，冻干后的藻粉用于元素组成分析。采用元素分析仪分析藻类生物质的氮含量，采用电感耦合等离子体发射光谱仪分析藻类生物质的磷含量。

2.2 藻细胞的基本生长及氮磷吸收特性

2.2.1 藻细胞的基本生长特性

在两种不同的培养条件下，栅藻 LX1 的生物质干重随培养时间的变化如图 2.3 所示。可以看出，虽然在补料间歇培养中通过不断地补加外源氮磷，使得培养基中的氮磷浓度一直维持在相对较高的水平，但是这种条件下的藻类生物质的干重仅仅略高于间歇培养。经过 26 天的培养，补料间歇培养条件下，TN 累计投加达到 327.8mg・L^{-1}，TP 累计投加量达 38.6mg・L^{-1}(如图 2.2 所示)，最终的藻类生物质产量为 0.88g・L^{-1}；而在间歇培养条件下，TN、TP 的投加量分别仅为补料间歇培养的 75%和 14%，但藻类生物质的产量仍然能够达到 0.85g・L^{-1}。两种培养条件下，最终获得的藻类生物质干重并无显著性差异(t 检验，$p>0.1$)。

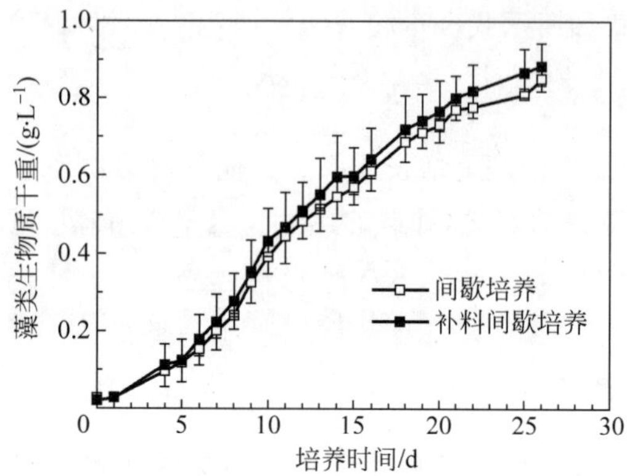

图 2.3 两种培养条件下栅藻 LX1 的生长曲线

根据 Logistic 模型,两种培养条件下藻细胞的比生长速率和生物质的生产速率可分别由式(2-4)和式(2-2)计算,并如图 2.4 所示。由图可知,虽

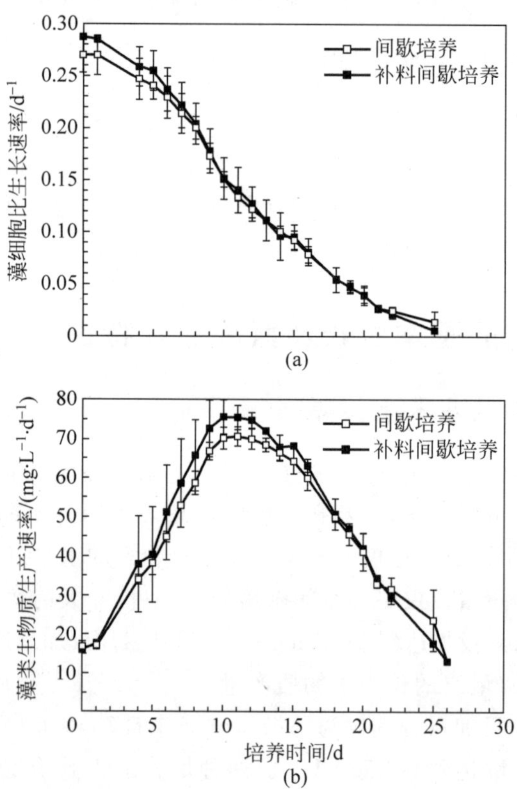

图 2.4 两种培养条件下栅藻 LX1 的比生长速率和生物质生产速率

然两种培养条件下，外源氮磷的投加量相差显著，但是栅藻 LX1 的生长速率却并无显著性差异(one-way ANOVA 检验，$p>0.1$)。补料间歇培养消耗了更多的氮磷资源，却未能得到更多的藻类生物质。

上述结果表明，在特定的藻类培养系统中，氮磷资源的高投入量并不一定意味着藻类生物质的高产出量。这是因为藻细胞具备对磷进行超富集的能力(Borchard et al.，1968；Powell et al.，2009)，能够在未进行预先饥饿处理的情况下大量吸收外源磷但并不进行显著的增长，而过高的外源磷浓度正是这一现象的触发因素之一。因此，在藻类的大规模培养中，应该避免一直维持过高的外源磷浓度，防止由于藻细胞对磷的超富集而造成对磷资源的利用不充分。

2.2.2　藻细胞的氮磷吸收利用特性

两种不同的培养条件下，藻细胞对 DTN 的吸收情况如图 2.5 所示。由于不断地补加外源营养盐，补料间歇培养条件下培养基中的 DTN 浓度一直维持在 200mg・L^{-1}以上；而间歇培养条件下，外源 DTN 在藻细胞生长初期被快速吸收，迅速降低至 150mg・L^{-1}左右，并在随后的生长过程中维持在这一浓度水平。两种培养条件下，藻细胞对外源 DTN 的吸收速率并无较大差异，随着培养时间的延长，均呈现先增大后减小的变化趋势。补料间歇培养条件下，DTN 吸收速率的最大值能够达到约 10mg・L^{-1}・d^{-1}；而间歇培养条件下，DTN 吸收速率的最大值仅为 6.5mg・L^{-1}・d^{-1}。

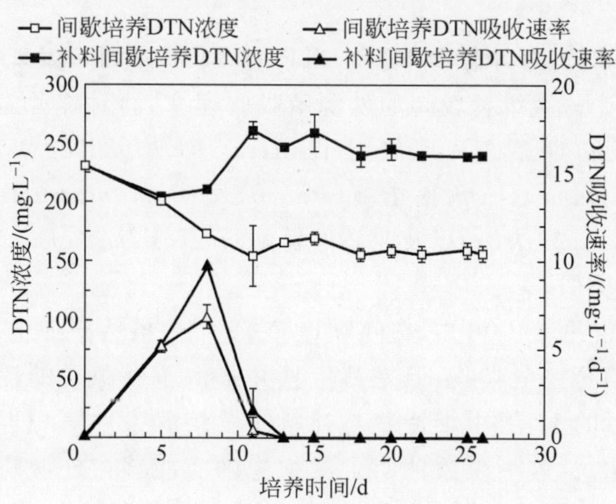

图 2.5　两种培养条件下藻细胞对外源总氮的吸收情况

与对 DTN 的吸收相比,不同培养条件下栅藻 LX1 对 DTP 的吸收情况呈现出了较大的差异,如图 2.6 所示。在补料间歇培养条件下,外源 DTP 的浓度一直维持在 $2mg \cdot L^{-1}$ 甚至更高;而藻细胞对外源磷的吸收速率则随培养时间不断增大,在达到 $1.0mg \cdot L^{-1} \cdot d^{-1}$ 之后维持在这一水平。而在间歇培养条件下,外源 DTP 在藻细胞的生长初期即被迅速吸收消耗,并在培养的第 11 天下降至检测限以下;藻细胞对外源磷的吸收速率在培养的 5～8 天达到最大值,仅为 $0.5mg \cdot L^{-1} \cdot d^{-1}$ 左右,并在培养 11 天后下降至 $0mg \cdot L^{-1} \cdot d^{-1}$。

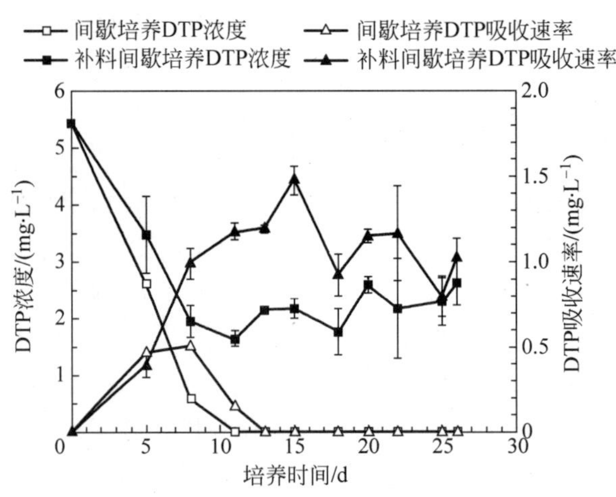

图 2.6　两种培养条件下藻细胞对外源总磷的吸收情况

对比栅藻 LX1 对外源 DTN 和 DTP 的吸收情况可以发现,藻细胞能够在其生长过程中一直维持较高的外源磷吸收速率,而对外源氮的快速吸收则发在其生长初期。这一现象与 Lourenco 等人(2008)对球等鞭金藻(*Isochrysis galbana*)、三角褐指藻(*Phaeodactylum tricornutum*)、聚球藻(*Synechococcus subsalsus*)以及亚心形扁藻(*Tetraselmis gracilis*)这四株微藻的研究结果类似。

由图 2.3 和图 2.6 可知,在间歇培养条件下,虽然藻细胞在第 11 天就已经将外源 DTP 完全吸收,但是其生长并未由于外源磷的耗尽而发生停滞,反而在随后的 15 天中维持着与补料间歇培养条件下相近的生长速率(如图 2.4 所示)。这一现象证明了藻细胞确实能够在外源磷耗尽的情况下,利用细胞中储存的内源磷进行生长,并且保持较高的生长速率和生物质产量。而在外源基质耗尽的情况下,利用细胞储存的内源物质进行生长的过程，将导致藻细胞的物质组成发生显著改变。

2.3　藻细胞的氮磷含量及单位磷生物质产量的变化

2.3.1　藻细胞的氮磷含量变化

两种培养条件下藻细胞生长过程中氮磷含量的变化如图 2.7 所示。栅藻 LX1 细胞的氮含量在不同培养条件下呈现出类似的变化规律：在生长初期，藻细胞吸收并储存大量的氮；而随着培养时间的延长，藻细胞的氮含量逐渐下降，最终降低至 10%左右，而此时培养基中仍然残留了大量的外源氮(如图 2.5 所示)。与之类似，Lourenco 等人(2008)在对球等鞭金藻等四株微藻的研究中发现，藻细胞在对数生长期大量吸收外源氮，使得细胞的氮含量达到最大值；而进入稳定生长期后，藻细胞的氮含量则呈现显著下降的趋势。

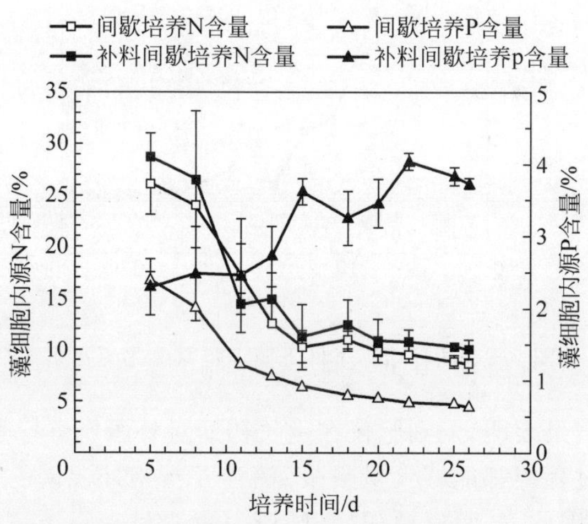

图 2.7　两种培养条件下藻细胞氮磷含量的变化

虽然不同的培养条件并未对栅藻 LX1 细胞氮含量的变化造成显著影响，但是，两种培养条件下藻细胞的磷含量则呈现出完全不同的变化趋势。在补料间歇培养条件下，由于外源磷不断得到补充，栅藻 LX1 能够将其源源不断地吸收储存于细胞中，从而使得细胞的磷含量不断上升，最终达到 3.7%左右。这一磷含量与其他研究中对磷进行超富集后的藻细胞类似(Borchard et al.，1968；Powell et al.，2009)。而在间歇培养条件下，由于外源磷早在培养的第 11 天就已经被藻细胞完全吸收，因此，在随后的生长过程中，藻细胞只能利用储存的内源磷进行分裂和生长，从而导致其磷含量的不断下降，由生长初期的 2.3%持续降低至 0.6%左右。

由于栅藻 LX1 对外源氮和外源磷的吸收存储能力不同，其细胞的氮磷比(N/P)也在生长过程中发生了显著变化，如图 2.8 所示。在生长初期，藻细胞能够同时快速吸收外源氮和外源磷，因此两种培养条件下的细胞氮磷比较为接近，均在 11～14 之间。然而，在进一步的生长过程中，补料间歇培养条件下的藻细胞能够持续吸收外源磷，但其对外源氮的吸收速率却明显下降，从而导致了细胞氮磷比的显著下降。间歇培养条件下，由于外源磷的快速耗尽，藻细胞的内源氮磷含量呈现类似的变化趋势，因此氮磷比一直维持在 11～14 之间。

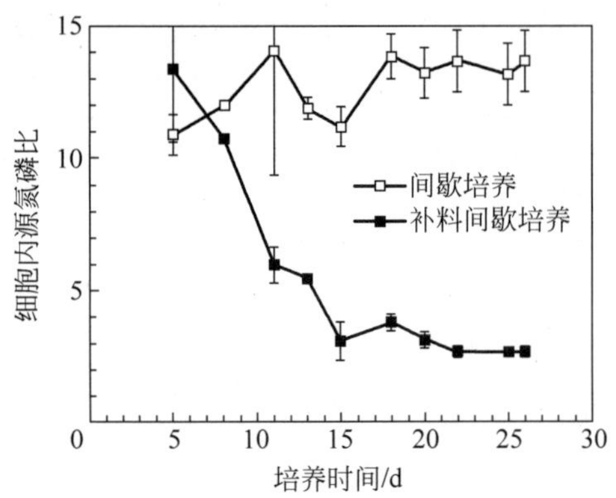

图 2.8 两种培养条件下藻细胞氮磷比的变化

上述研究结果表明，藻细胞仅在生长初期对外源氮进行吸收和富集，而在其整个生长过程中都能够大量吸收、储存并富集外源磷。由于这种对磷的超富集能力，因此，与氮资源相比，磷资源更容易在藻类培养过程中被过量消耗。

2.3.2 藻类单位磷生物质产量变化

不同培养条件下藻细胞内源磷含量的差异必将导致单位磷实际生物质产量的不同，如图 2.9 所示。在补料间歇培养条件下，由于外源磷的持续消耗并未生产得到更多的藻类生物质，因此单位磷的实际生物质产量一直低于 $60\mathrm{kg \cdot kg^{-1}}$，并随着培养时间的延长而逐渐降低，最终下降至 $30\mathrm{kg \cdot kg^{-1}}$左右。与之相反，间歇培养条件下，随着藻细胞利用内源磷的生长过程，单位磷的实际生物质产量逐渐上升，最终由初始的 $40kg \cdot kg^{-1}$ 上升至 $160kg \cdot kg^{-1}$，达到补料间歇培养条件下的近 6 倍。

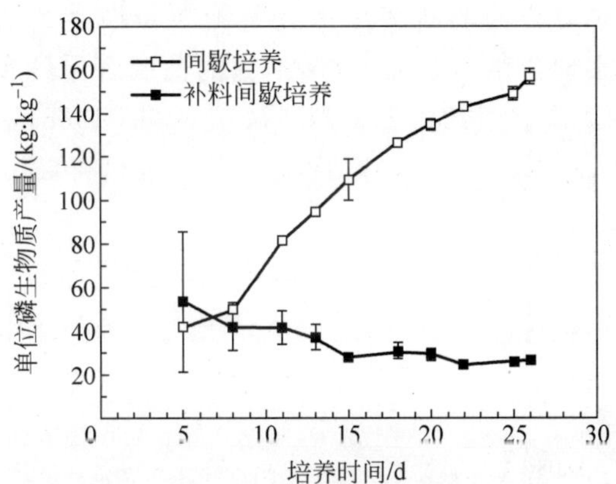

图 2.9　两种培养条件下单位磷生物质产量的变化

上述结果表明，在藻类培养过程中，充分发挥藻细胞利用内源磷的生长能力确实能够有效提高单位磷的实际生物质产量，从而能够在相同甚至更少的磷资源消耗量下，获得更多的藻类生物质。同时，值得注意的是，由于藻细胞具备对外源磷进行超富集的能力，在藻类的大规模培养中，应该避免将藻细胞长期暴露于过高的外源磷浓度下，防止由于对磷的超富集而导致的资源浪费。

2.4　提高单位磷生物质产量的潜力及可行性分析

单位磷生物质产量的提高将显著影响藻类生物质能源生产对磷资源的消耗量。

在不同的油脂含量下，生产 1kg 生物柴油的磷资源消耗量可按式(2-5)进行计算：

$$P_C = \frac{1}{\eta_C \eta_E C_L Y_{x/p}} \tag{2-5}$$

式中，P_C 为生产 1kg 生物柴油的磷资源消耗量，$kg \cdot kg^{-1}$；

η_C 为藻类生物质油脂转化为生物柴油的转化效率，取 0.96(Antolin et al.，2002)；

η_E 为从藻类生物质中提取油脂的效率，取 0.7(Lee et al.，2010)；

C_L为藻类生物质的油脂含量(质量分数);

$Y_{x/p}$为藻类单位磷生物质产量,kg·kg^{-1}。

生产1kg生物柴油的磷资源消耗量随单位磷生物质产量的变化如图2.10所示。在通常培养条件下,藻细胞的油脂含量约为30%(Sheehan et al.,1998),内源磷含量约为1%(Borchard et al.,1968),对应的单位磷生物质产量$Y_{x/p}$为100kg·kg^{-1}。按照式(2-5)计算可得,常规藻类生物柴油生产的磷消耗量约为0.049kg·kg^{-1}。

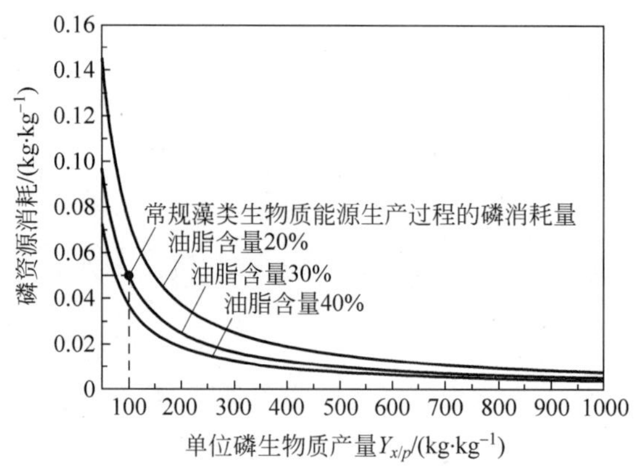

图2.10　生产1kg生物柴油的磷资源消耗量随单位磷生物质产量的变化

随着$Y_{x/p}$的提高,生产1kg生物柴油的磷资源消耗量显著降低。当$Y_{x/p}$由50kg·kg^{-1}增加至100kg·kg^{-1}时,生产1kg生物柴油的磷资源消耗量能够降低近50%。

然而,在单位磷生物质产量提高至一定程度后,其对于磷资源消耗量的影响将越来越不显著。当$Y_{x/p}$由100kg·kg^{-1}增加至300kg·kg^{-1},磷资源的消耗量下降约66%;而当其继续增大至500kg·kg^{-1},磷资源的消耗量仅仅降低13%。

考虑到提高$Y_{x/p}$的难度,及其对削减磷资源消耗量的效果,将$Y_{x/p}$由100kg·kg^{-1}提高至200～300kg·kg^{-1}是一个相对合理的技术目标。

按照单位磷生物质产量的定义,其与藻细胞的内源磷含量应呈倒数关系(如式(1-6)所示)。为了实现200～300kg·kg^{-1}单位磷生物质产量的技术目标,藻细胞的内源磷含量至少需降低至0.5%以下。然而,磷是藻细胞生长繁殖必需的重要元素,当藻细胞的内源磷含量过低时,其生长速度将急剧降低。藻细胞的比生长速率与其内源磷含量的关系可通过Droop模型进行计算(Droop,1983),如式(2-6)所示：

$$\mu = \mu_m \left(1 - \frac{Q_0}{q_P}\right) \tag{2-6}$$

式中,μ_m为藻细胞理论最大比生长速率,d^{-1}；

Q_0为维持藻细胞生命活动所需的最小磷含量；

q_P为细胞内源磷含量；

μ为细胞内源磷含量为q_P时的比生长速率,d^{-1}。

按照 Droop 模型,不同的细胞最小磷含量(Q_0)下,藻细胞的比生长速率(μ)与其细胞内源磷含量(q_P)的关系如图 2.11 所示。由图可知,比生长速率与细胞内源磷含量之间呈现双曲函数关系：在内源磷含量较高时,比生长速率随内源磷含量的变化幅度较小；而随着内源磷含量的不断下降,比生长速率的下降速率越来越快,当内源磷含量降低至藻细胞的最小磷含量(Q_0)时,比生长速率降低至零。因此,为了保证在藻类的生长过程中能够实现 200～300kg・kg^{-1}单位磷生物质产量的技术目标,藻细胞的Q_0值必须低于 0.5%。同时,在相同的内源磷含量下,Q_0值越小,藻细胞所能达到的比生长速率越大,从而保证在相同的单位磷生物质产量下达到更大的生物质生产速率。

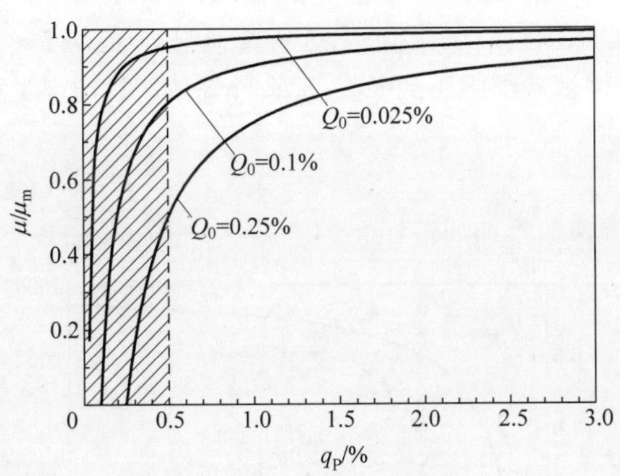

图 2.11　不同细胞最小磷含量下藻细胞的比生长速率与细胞内源磷含量的关系

前已述及,不同藻种的Q_0值差异较大,如表 1.3 所示,部分藻种的Q_0值已经低至甚至远低于 0.5%。例如,尖头颤藻的Q_0值约为 0.179%,对应的单位磷生物质产量能够达到 558.7kg・kg^{-1}(Healey,1985)；而河生水绵的Q_0值为 0.06%,对应的单位磷生物质产量高达 1666.7kg・kg^{-1}

(Borchardt,1994)。这些结果证实了单位磷生物质产量 300kg·kg^{-1}这一技术目标的可行性。

由于不同藻种Q_0值的巨大差异,因此在藻类生物质能源的大规模生产中,为了降低对磷资源的消耗量,需要将Q_0值作为藻种筛选的重要指标进行考察。选择Q_0值低于 0.5%的藻种,是实现上述技术目标的前提条件;而选择Q_0值更低的藻种能够保证在相同的单位磷生物质产量下获得更高的生长速率。

在实际的藻类培养过程中,不同的外源 DTP 投加量下,藻细胞的内源磷含量q_P将发生较大的变化,从而影响其生长速率。q_P与Q_0的比值可以作为确定外源磷投加剂量的重要参数。然而,随着内源磷含量q_P的升高,单位磷的实际生物质产量$Y_{x/p}$将逐渐下降(二者呈倒数关系,如式(1-6)所示)。

按照 Droop 模型,藻细胞的比生长速率μ、单位磷实际生物质产量$Y_{x/p}$与q_P/Q_0值的关系如图 2.12 所示。可以看出,随着q_P/Q_0比值的不断提高,藻细胞的比生长速率μ也将不断增大。当藻细胞的内源磷含量q_P达到Q_0值的 5 倍时,其比生长速率μ将达到μ_m的 80%;而当q_P达到Q_0值的 10 倍时,比生长速率μ将高达μ_m的 90%。因此,为了保证相对较高的生长速率,外源 DTP 的投加剂量应该使得q_P达到藻细胞Q_0值的 5~10 倍。假设投加的外源磷能够被藻细胞完全吸收,那么外源磷的投加剂量可按式(2-7)进行计算:

$$S_P = \alpha_P Q_0 X \tag{2-7}$$

式中,S_P为外源磷的投加剂量,mg·L^{-1};

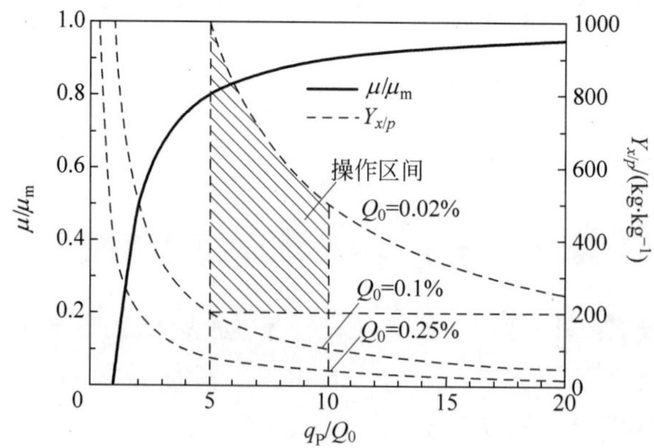

图 2.12 藻细胞的比生长速率μ和单位磷实际生物质产量$Y_{x/p}$与q_P/Q_0值的关系

α_P为外源磷的投加系数，取值 5～10；

Q_0为藻细胞的最小磷含量(质量分数)；

X为培养体系中的藻类生物质干重，mg·L^{-1}。

在相同的q_P/Q_0值下，Q_0值越低的藻种，单位磷的实际生物质产量$Y_{x/p}$越高。以q_P/Q_0值为 5 为例，对于Q_0值为 0.25%的藻种，其$Y_{x/p}$仅为 80kg·kg^{-1}；而对于Q_0值为 0.02%的藻种，其$Y_{x/p}$可高达 1000kg·kg^{-1}。因此为了同时实现较高的生长速率以及较高的单位磷生物质产量，所用藻种的Q_0值必须满足更高的要求。以 200kg·kg^{-1}这一技术目标为基准，其对应的内源磷含量q_P为 0.5%。在该条件下，为了使得藻细胞的比生长速率达到其理论最大值的 80%，那么对应的Q_0值应为 0.1%。这一标准低于目前文献报道的结果，因此，有必要对新的藻种进行筛选考察，从中选择满足这一要求或Q_0值更低的藻种，从而在提高单位生物质产量的同时保障较高的生物质生产速率。图 2.12 中标出的阴影区域即为可同时获得高单位磷生物质产量及高生长速率的操作区间。在藻类培养过程中，应选择适宜的藻种以及相应的培养条件，从而实现上述目标。

2.5　本章小结

(1) 以 BG11 培养基为基础，在本研究条件下对栅藻 LX1 进行的间歇培养和补料间歇培养，最终的生物质产量并无显著性差异。

(2) 在外源磷充足的条件下，栅藻 LX1 能够持续的吸收外源磷并将其储存于细胞中，从而使得藻细胞的磷含量持续上升至约 3.7%，导致单位磷的实际生物质产量仅为 30kg·kg^{-1}。

(3) 外源磷耗尽后，栅藻 LX1 能够利用细胞中储存的内源磷进行生长，使得藻细胞的磷含量由初始的 2.3%持续下降至约 0.6%，同时，单位磷的实际生物质产量升高至 160kg·kg^{-1}。因此，在藻类的大规模培养中，充分发挥藻细胞利用内源磷生长的能力能够有效提高单位磷的实际生物质产量。

(4) 200～300kg·kg^{-1}是一个可行的单位磷生物质产量技术目标。为了实现这一技术目标，藻细胞的内源磷含量应低于 0.5%。并且，为了保证较快的生长速率，应该选择最小磷含量(Q_0)低于 0.1%的藻种。

(5) 为了保证较高的藻类生长速率，外源 DTP 的投加剂量应该达到藻细胞Q_0值的 5～10 倍。

第3章 不同微藻利用内源磷的生物质生产潜力

第2章的研究结果表明，在藻类培养过程中，充分发挥藻细胞利用内源磷生长的能力是提高单位磷生物质产量的关键。按照Droop模型（Droop，1983），藻细胞的最小磷含量Q_0值将直接决定不同藻种的单位磷理论最大生物质产量，是影响藻细胞利用内源磷生长能力的最重要参数。同时，在藻类培养过程中选择Q_0值较小的藻种，还能够在相同的单位磷实际生物质产量下获得相对更大的生长速率。在目前研究中，受关注较多的是各种水华藻种的Q_0值，而对于常用于藻类生物质能源研究的各类藻种，其Q_0值、对应的单位磷理论最大生物质产量及其利用内源磷生长的能力尚不明确。

生产生物柴油是目前藻类生物质最有前景的利用方式之一（U. S. Department of Energy，2010；胡洪营 等，2011），而只有藻类生物质油脂中的TAGs才能作为生物柴油的原材料使用（Hu et al.，2008）。因此，在筛选适用于藻类生物质能源生产的藻种时，油脂含量特别是油脂中的TAGs含量是一个非常重要的指标。此外，在评价不同藻种对于磷资源的消耗量时，单位磷的油脂产量以及TAGs产量也是值得考察的重要指标。

本章以常用于藻类生物质能源研究的17株能源微藻为研究对象，在较低的初始总磷浓度下对其进行间歇培养，提供充足的光照及其他营养条件，使得藻细胞能够充分利用储存的内源磷进行生长。在藻类生长过程中，考察藻密度、藻类生物质干重和培养基中外源磷浓度的变化，以及培养结束后藻类生物质的油脂和TAGs含量，对比各藻种的细胞最小磷含量Q_0、单位磷的理论最大生物质产量以及单位磷的油脂和TAGs产量，从而筛选出利用内源磷的生长及油脂积累能力最强的藻种，将其作为后续研究的模式藻种。

3.1　材料与方法

3.1.1　材料

1. 藻种

本章相关研究采用的 17 株能源微藻的来源及藻种保存所用培养基如表 3.1 所示，包括小球藻属的 7 株微藻，栅藻属的 5 株微藻以及其他不同种属的 5 株微藻。

表 3.1　本研究所考察的 17 株能源微藻

藻　种	来源	培养基	参考文献
普通小球藻 *Chlorella vulgaris*	淡水藻种库	BG11	Illman et al.,2000
小球藻 *sorokiniana* *Chlorella sorokiniana*	淡水藻种库	BG11	Illman et al.,2000
蛋白核小球藻 *Chlorella pyrenoidis*	淡水藻种库	BG11	Wang et al.,2012
椭圆小球藻 YJ1 *Chlorella ellipsoidea* YJ1	分离自二级出水	BG11	Yang et al.,2011a
小球藻 ZTY1 *Chlorella* sp. ZTY1	分离自一级出水	BG11	—
小球藻 ZTY2 *Chlorella* sp. ZTY2	分离自一级出水	BG11	—
小球藻 HQ *Chlorella* sp. HQ	分离自二级出水	BG11	—
斜生栅藻 *Scenedesmus obliquus*	淡水藻种库	BG11	Martinez et al.,2000
椭圆栅藻 *Scenedesmus ovalternus*	淡水藻种库	BG11	He et al.,2010
二形栅藻 *Scenedesmus dimorphus*	淡水藻种库	BG11	Cicci et al.,2013
四尾栅藻 *Scenedesmus quadricauda*	淡水藻种库	BG11	Xiao et al.,2011
栅藻 LX1 *Scenedesmus* sp. LX1	分离自自来水	BG11	Li et al.,2010b

续表

藻　　种	来源	培养基	参考文献
雨生红球藻 *Haematococcus pluvialis*	淡水藻种库	SE	Wu et al. ,2013
杜式盐藻 *Dunaliella primolecta*	淡水藻种库	ASP	Chisti,2007
羊角月牙藻 *Selenastrum capricornutum*	淡水藻种库	SE	Benson et al. ,2006
莱茵衣藻 *Chlamydomonas reinhardtii*	淡水藻种库	BG11	Chisti,2007
纤维藻 *Ankistrodesmus* sp.	分离自高碑店湖	BG11	—

2. 培养基

本章所涉及实验采用低磷培养基,除氮磷外其他成分与 BG11 培养基相同。以 $NaNO_3$ 作为氮源,初始 TN 浓度为 30mg・L^{-1};$K_2HPO_4 \cdot 3H_2O$ 作为磷源,初始 TP 浓度为 0.1mg・L^{-1}。

3. 主要仪器设备

氮吹仪(ANPEL DC-12),紫外可见分光光度计(UV-2401PC,SHIMADAZU),其余同 2.1.1 节。

3.1.2 方法

1. 藻类培养

为保证培养基中磷浓度的准确性,将 $K_2HPO_4 \cdot 3H_2O$ 储备液与培养基的其他成分分开灭菌(121℃,30min),冷却后加入 500mL 锥形瓶中混合,使得培养基的总体积为 250mL,初始 TN 和 TP 浓度分别为 30mg・L^{-1} 和 0.1mg・L^{-1}。向培养基中加入 5mL 藻种液,不同藻种的接种生物量控制在(0.003±0.001)g・L^{-1},接种藻细胞均处于对数生长期。接种完毕后置于人工光照培养箱中进行培养,培养条件:光照强度(5000±200)lx,光暗比 14h∶10h,温度 25℃。所有实验均在重复性条件下进行 3 次,下同。

2. 藻类生长测定

本章采用藻密度和藻类生物质干重的变化表征藻类的生长。

藻密度的测定采用血球计数法，定期在光学显微镜下利用血球计数板对藻液样品进行计数，并检查藻液是否受到污染。

藻类生物质干重的测定方法同 2.1.2 节。生物质平均生长速率按式(3-1)计算：

$$R = \frac{\Delta X}{t} \tag{3-1}$$

式中，R 为生物质平均生长速率，$mg \cdot L^{-1} \cdot d^{-1}$；

ΔX 为一定培养时间内的生物质干重变化量，$mg \cdot L^{-1}$；

t 为相应的培养时间，d。

3. 藻类生长动力学分析

本章采用 Logistic 模型和 Droop 模型对藻类的生长进行动力学分析。Logistic 模型如 2.1.2 节所述。Droop 模型如 1.2.2 节所述。

4. 水质指标测定

同 2.1.2 节。

5. 藻类生物质油脂含量测定

藻类生物质的总油脂含量采用氯仿—甲醇萃取法进行测定(Bligh et al.,1959；李鑫,2011)。取 40mL 藻液，离心(10 000r · min^{-1} × 10min，4℃)浓缩至 0.8mL，向其中加入 2mL 甲醇和 1mL 氯仿，漩涡振荡充分混合 2min。再加入 1mL 氯仿，再次漩涡振荡混合 30s；最后加入 1mL 水，混合 30s。离心(4000r · min^{-1}×10min)分层，吸取全部氯仿层(底层)，置于事先称重的玻璃管中，常温下氮吹至恒重后称重，玻璃管前后质量的增加量即为油脂重量。油脂重量占 40mL 藻液中藻类生物质干重的百分比即为总油脂含量。

油脂含量测定结束后，将干燥油脂溶解于 0.4mL 异丙醇中，通过酶比色试剂盒测定油脂中的 TAGs 含量。测定过程需要准备的样品如表 3.2 所示。

表 3.2 酶比色法测定 TAGs 所需准备的样品 单位：μL

加入物	酶试剂空白	叶绿素空白	标准管	测定管
样品	—	10	—	10
TAGs 标准液	—	—	10	—
蒸馏水	10	1000	—	—
TAGs 酶试剂	1000	—	1000	1000

按照表 3.2 所示，向 1.5mL 离心管中加入各试剂或样品并混合均匀，37℃温浴 10min，用分光光度计比色，于 500nm 波长下测定各管溶液的吸光度，并按照式(3-2)计算样品中 TAGs 的浓度。

$$\text{样品 TAGs 浓度} = \frac{\text{测定管吸光度} - \text{酶试剂空白吸光度} - \text{叶绿素空白吸光度}}{\text{标准管吸光度}} \times \text{TAGs 标准液浓度} \tag{3-2}$$

6. 藻细胞内源磷含量测定

根据物料平衡，培养基中 DTP 的减少量等于藻细胞对 DTP 的吸收量，因此，藻细胞的内源磷含量可按式(3-3)计算。

$$q_P = \frac{\Delta DTP}{\Delta X} \times 100\% \tag{3-3}$$

式中，q_P 为藻细胞的内源磷含量(质量分数)；

ΔDTP 为培养基中 DTP 的变化量，mg · L^{-1}；

ΔX 为藻类生物质干重的变化量，mg · L^{-1}。

7. 单位磷理论最大生物质产量的计算

按照最小细胞磷含量 Q_0 的物理意义，单位磷的理论最大生物质产量可按式(3-4)进行计算：

$$Y_{potential} = \frac{1}{Q_0} \tag{3-4}$$

式中，$Y_{potential}$ 为单位磷的理论最大藻类生物质产量，kg · kg^{-1}；

Q_0 为藻细胞的最小磷含量(质量分数)。

3.2 不同微藻利用内源磷的基本生长情况

3.2.1 小球藻对外源磷的吸收特性及其生长情况

小球藻是一类球形单细胞淡水微藻，属于绿藻门小球藻属，其分布的生境极其广泛，是最常见的藻种之一。目前，常用于藻类生物质能源研究的小球藻包括：小球藻 *sorokiniana*（Illman et al.，2000），普通小球藻（Ruiz et al.，2011；Shi et al.，2007），蛋白核小球藻（Wang et al.，2012），椭圆小球藻 YJ1（Yang et al.，2011a）等。在本节中，除了上述 4 株微藻，还对 3 株由实际污水中分离得到的藻株，小球藻 ZTY1、小球藻 ZTY2 以及小球藻 HQ 进行了研究。

各株小球藻对培养基中 DTP 的吸收情况如图 3.1 所示。可以看出，由于提供了充足的光照及其他营养，7 株小球藻均能够将培养基中的 DTP 快速吸收。在培养的 4～6 天内，培养基中的 DTP 浓度即下降至检测限以下，并在随后的培养时间中保持未检出状态。

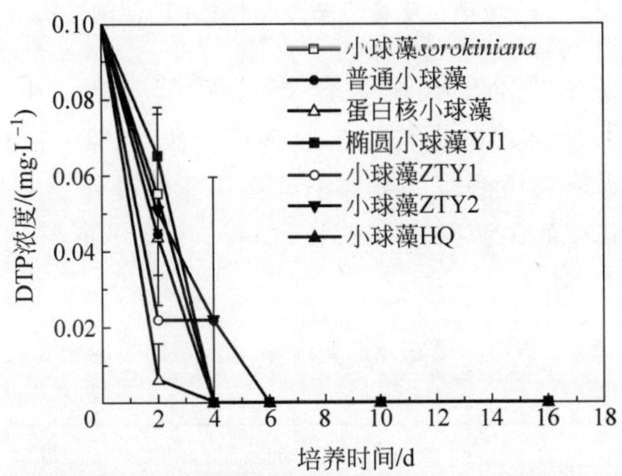

图 3.1　7 株小球藻对外源 DTP 的吸收情况

各株小球藻的生物质干重随培养时间的变化如图 3.2 所示。各株小球藻的生长状况差异较大。其中，蛋白核小球藻生长最好，培养 16 天后生物质干重能够达到 0.20g・L^{-1}左右；小球藻 HQ 的生长状况较差，最终生物质干重仅约为 0.09g・L^{-1}；而其他各株小球藻的生物质干重则分布在 0.10～0.18g・L^{-1}之间。然而，值得注意的是，在培养基中的 DTP 被完全吸收后，各株小球藻均保持了一定的生长速率。

根据各株小球藻对外源 DTP 的吸收情况及其生物质干重的变化，可以计算得到小球藻在外源 DTP 耗尽前后的平均生长速率（式 3-1），如表 3.3 所示。由表可知，虽然 7 株小球藻在外源 DTP 耗尽后仍然能够生长，但是其平均生长速率均出现了显著的下降。在外源 DTP 耗尽前，除小球藻 HQ 外，其他各株小球藻的平均生长速率可以达到 11～35mg・L^{-1}・d^{-1}，其

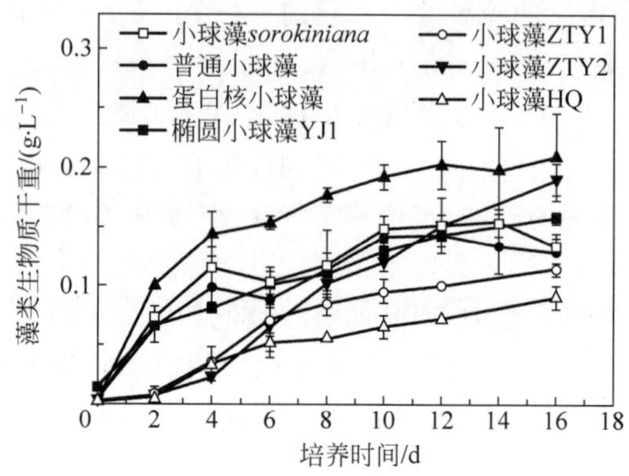

图 3.2　7 株小球藻的生物质干重随时间的变化

中，蛋白核小球藻的平均生长速率最大，达到 35.2mg·L^{-1}·d^{-1}；而在 DTP 耗尽后，各株小球藻的平均生长速率仅为 1.5～10.2mg·L^{-1}·d^{-1}。上述结果表明，本研究中测试的 7 株小球藻均能够在外源 DTP 耗尽的情况下，利用细胞中储存的内源磷进行生长，但是，各株小球藻利用内源磷生长的能力存在较大差异。

表 3.3　7 株小球藻在外源 DTP 耗尽前后的平均生长速率

单位：mg·L^{-1}·d^{-1}

藻　　种	DTP 耗尽前	DTP 耗尽后
小球藻 *sorokiniana*	28.4±4.41	1.53±0.39
普通小球藻	24.2±3.22	2.55±1.56
蛋白核小球藻	35.2±4.72	5.46±3.33
椭圆小球藻 YJ1	16.5±0.02	6.43±4.29
小球藻 ZTY1	11.1±2.21	4.33±0.75
小球藻 ZTY2	12.5±1.32	10.2±4.30
小球藻 HQ	8.09±1.18	3.83±0.24

各株小球藻生长过程中细胞内源磷含量的变化如图 3.3 所示。在生长初期，由于对培养基中 DTP 的快速吸收，7 株小球藻的细胞内源磷含量均较高。而随着培养时间的延长，各株小球藻均进入利用内源磷的生长阶段，细胞内源磷含量逐渐降低。培养 16 天后，各株小球藻的内源磷含量在 0.033%～0.11%之间。

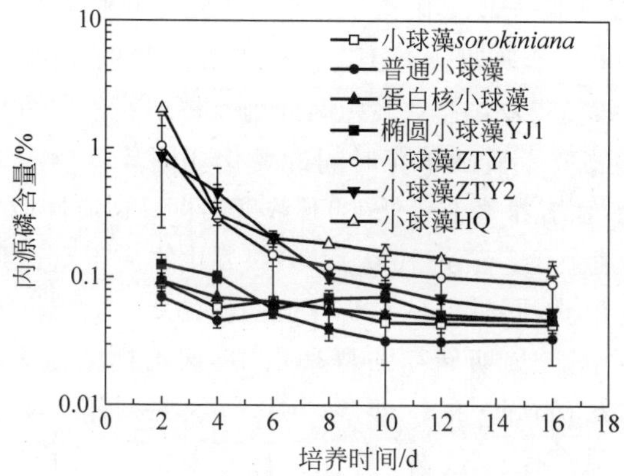

图 3.3 7 株小球藻的内源磷含量随时间的变化

3.2.2 栅藻对外源磷的吸收特性及其生长情况

栅藻，属于绿藻门栅藻属，是常见的淡水微藻，通常由 4～8 个细胞组成定型群体。目前，常用于藻类生物质能源研究的栅藻包括斜生栅藻（Martinez et al.，2000），椭圆栅藻（He et al.，2010），二形栅藻（Cicci et al.，2013），四尾栅藻（Xiao et al.，2011）。除上述栅藻外，本节中还对由长期储存的自来水中分离得到的栅藻 LX1（Li et al.，2010b）进行了研究，前期研究发现这株栅藻对生活污水二级出水等贫营养条件的适应能力较强。

各株栅藻对培养基中 DTP 的吸收情况如图 3.4 所示。其中，栅藻 LX1、二形栅藻和四尾栅藻对 DTP 的吸收速率较快，在培养的前 4 天内，培

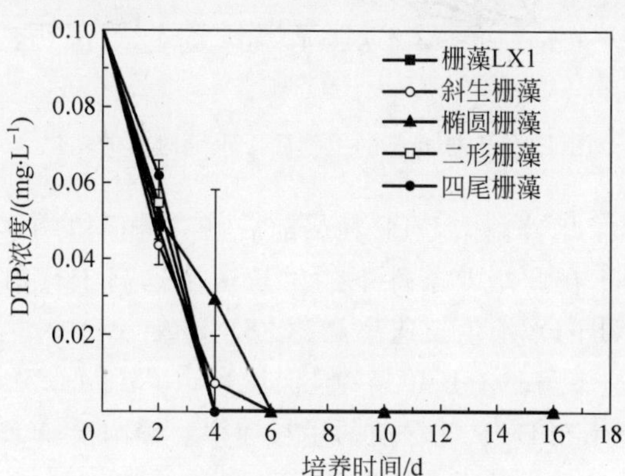

图 3.4 5 株栅藻对外源 DTP 的吸收情况

养基中的DTP即下降至检测限以下；而斜生栅藻和椭圆栅藻则在培养的第6天才将外源DTP完全吸收。上述现象与3.2.1节中的小球藻类似，充足的光照和其他营养盐使得藻细胞在较短时间内就将培养基中的DTP完全吸收。

各株栅藻生物质干重随培养时间的变化如图3.5所示。由图可知，栅藻LX1表现出了对培养基中较低DTP浓度的良好适应性，在接种之后未经迟滞期即开始迅速生长。培养16天后，最终其生物质干重达到0.32g·L^{-1}，不仅远高于其他栅藻，同时也是本研究所测试的17株微藻中最高的。这是由于栅藻LX1分离自长期储存的自来水中，该水样的氮磷浓度仅分别为0.34mg·L^{-1}和0.02mg·L^{-1}(李鑫，2011)，因此栅藻LX1能够较好的适应低营养环境。除栅藻LX1外，其他各株栅藻都经历了一定的生长迟滞期，但随后都表现出了良好的生长趋势。其中，斜生栅藻和椭圆栅藻的生长状况相对较好，最终生物质干重能够达到0.18g·L^{-1}；而四尾栅藻对较低DTP浓度的适应能力较差，最终生物质干重仅为约0.1g·L^{-1}。与7株小球藻的情况类似，培养基中DTP的耗尽并未导致5株栅藻的生长停滞。

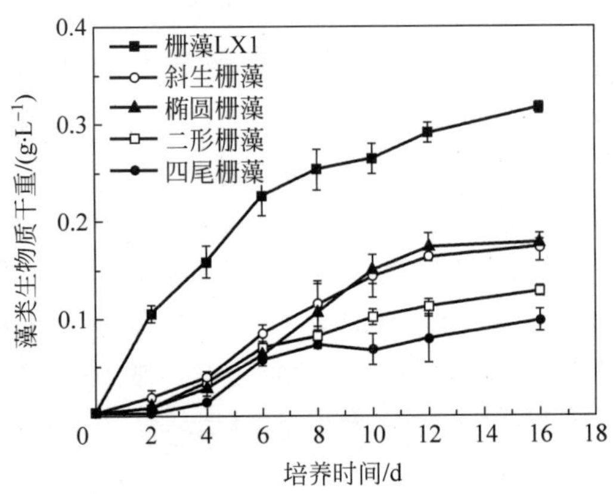

图3.5　5株栅藻的生物质干重随时间的变化

表3.4给出了培养基中DTP耗尽前后，各株栅藻的平均生长速率。由表可知，栅藻LX1在此培养条件下的生长速率远高于其他栅藻。在DTP耗尽前，栅藻LX1的平均生长速率高达38.4mg·L^{-1}·d^{-1}；而随着DTP的耗尽，其生长速率虽然有所下降，但仍然可以达到13.2mg·L^{-1}·d^{-1}，甚至高于部分栅藻在DTP耗尽前的生长速率。椭圆栅藻、二形栅藻和四尾栅藻则表现了明显的生长迟滞，在DTP耗尽后的10～12天中，其平均生长速率能够达到甚至高于DTP耗尽前的生长速率。其中，以四尾栅藻最为典

型，在DTP耗尽前，其平均生长速率仅为2.86mg·L^{-1}·d^{-1}，而在DTP耗尽后，其平均生长速率反而提高至7.08mg·L^{-1}·d^{-1}。上述结果表明，本研究中所用的5株栅藻均具备在外源DTP耗尽后利用细胞储存的内源磷进行生长的能力。

表3.4　5株栅藻在外源溶解性总磷耗尽前后的平均生长速率

单位：mg·L^{-1}·d^{-1}

藻　种	DTP耗尽前	DTP耗尽后
栅藻LX1	38.4±4.12	13.2±1.82
斜生栅藻	13.5±1.42	8.8±0.56
椭圆栅藻	10.1±2.09	11.5±0.97
二形栅藻	7.99±1.73	7.78±0.11
四尾栅藻	2.86±0.69	7.08±0.72

各株栅藻的细胞内源磷含量随培养时间的变化如图3.6所示。在培养基中的DTP耗尽前，藻细胞能够将其快速吸收并储存于细胞中，因此5株栅藻生长初期的细胞内源磷含量均相对较高，其中四尾栅藻的内源磷含量更是高达2%左右，而栅藻LX1由于从培养的第2天开始即获得了远高于其他栅藻的生物质产量(如图3.5所示)，因此其内源磷含量从第2天开始即显著低于其他栅藻。在DTP耗尽后，藻细胞开始利用储存的内源磷进行生长，各株栅藻的内源磷含量均呈显著下降趋势。其中，栅藻LX1的生长状况较好(如图3.5所示)，因此其内源磷含量最终降低至约0.028%，远低于其他4株栅藻。

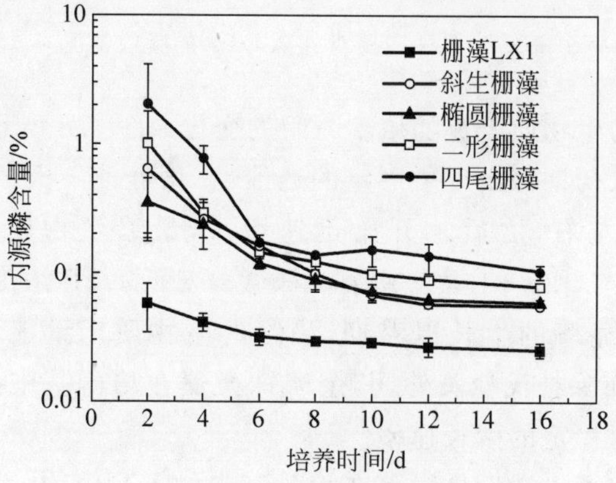

图3.6　5株栅藻内源磷含量随时间的变化

3.2.3 其他种属微藻对外源磷的吸收特性及其生长情况

小球藻和栅藻通常是氧化塘和高效藻类塘中的优势藻种，具备较强的环境适应能力(Pittman et al.,2011)。在当前的藻类生物质能源的研究中，它们是最为常用的两类微藻。而除此之外，本章中还对其他不同种属的5株微藻进行了研究，包括：雨生红球藻(Wu et al.,2013)，杜氏盐藻(Chisti,2007)，羊角月牙藻(Benson et al.,2006)，莱茵衣藻(Chisti,2007；Park et al.,2012)以及由天然水体中分离得到的纤维藻。

上述5株微藻对培养基中DTP的吸收情况如图3.7所示。可以看出，与小球藻和栅藻类似，这5株微藻均能够在4～6天内将培养基中的DTP完全吸收。其中，雨生红球藻、杜氏盐藻、莱茵衣藻和纤维藻对外源磷的吸收速度相对较快。

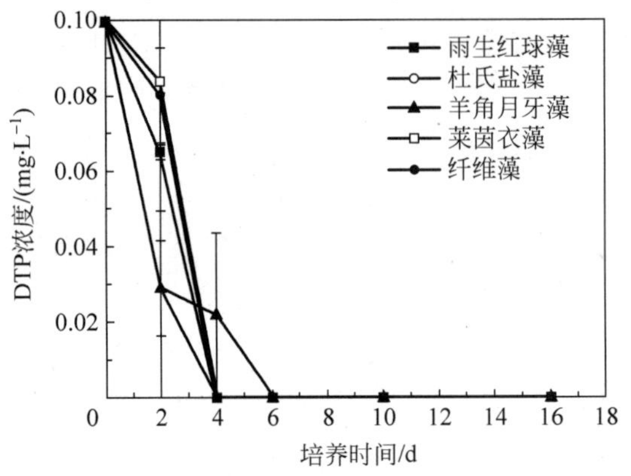

图3.7 5株微藻对外源DTP的吸收情况

各株微藻的生物质干重随培养时间的变化如图3.8所示。羊角月牙藻和纤维藻在生长初期都出现了一定的迟滞性，培养前4天的生物质干重仅为0.02g·L^{-1}左右，之后才开始迅速增长，最终生物质干重分别达到0.098g·L^{-1}和0.12g·L^{-1}。其余3株微藻对低DTP浓度的适应性相对较好，并未出现显著的生长迟滞期，最终的生物质产量能够达到0.15～0.23g·L^{-1}。而除杜氏盐藻外，其余4株微藻在培养基中的DTP耗尽后仍然保持了相对稳定的生长速率。

表3.5列出了上述5株微藻在培养基中的DTP耗尽前后的平均生长速率。可以看出，羊角月牙藻和纤维藻在DTP耗尽后反而达到了更大的平

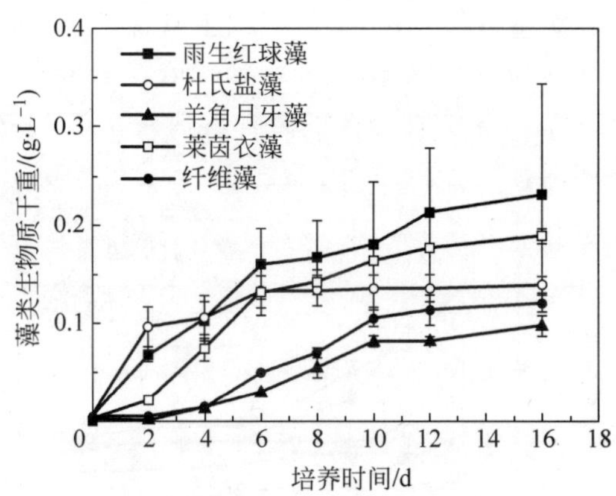

图 3.8　5 株微藻的生物质干重随时间的变化

均生长速率。其中，纤维藻在 DTP 耗尽后的 12 天中，平均生长速率达到 $8.75mg \cdot L^{-1} \cdot d^{-1}$，这是 DTP 耗尽前的近 3.5 倍。其余 3 株微藻，在培养基中的 DTP 耗尽后生长速率都出现了一定程度的下降。杜氏盐藻甚至出现了生长停滞，其 12 天的平均生长速率仅为 $1.82mg \cdot L^{-1} \cdot d^{-1}$。与其他 4 株微藻相比，雨生红球藻在 DTP 耗尽前后都达到了相对较高的平均生长速率。由上述结果可知，本研究测试的 5 株微藻中，除杜氏盐藻外，其余 4 株微藻均能够利用细胞储存的内源磷进行生长。

表 3.5　5 株微藻在外源溶解性总磷耗尽前后的平均生长速率

单位：$mg \cdot L^{-1} \cdot d^{-1}$

藻　种	DTP 耗尽前	DTP 耗尽后
雨生红球藻	24.4 ± 4.81	10.6 ± 7.82
杜氏盐藻	24.6 ± 5.82	1.82 ± 1.89
羊角月牙藻	4.60 ± 0.48	6.75 ± 1.06
莱茵衣藻	17.6 ± 3.28	2.53 ± 1.21
纤维藻	2.53 ± 1.21	8.75 ± 0.31

各株微藻的细胞内源磷含量随培养时间的变化如图 3.9 所示。羊角月牙藻和纤维藻在生长初期出现了迟滞，但仍然快速吸收了培养基中的 DTP，因此其细胞中的内源磷含量相对较高，分别达到 1.5%和 0.4%，而其余各株微藻的内源磷含量则约为 0.1%。在随后的培养时间中，杜氏盐藻几乎停止了生长，因此，其内源磷含量一直稳定在 0.09%左右，而其他 4 株

微藻则不断利用内源磷进行生长,导致其细胞磷含量显著降低。其中,雨生红球藻的生长状况最为良好(如图 3.8 所示),培养 16 天后其细胞内源磷含量下降至约 0.029%,其余 3 株微藻的磷含量则在 0.053%～0.1%之间。

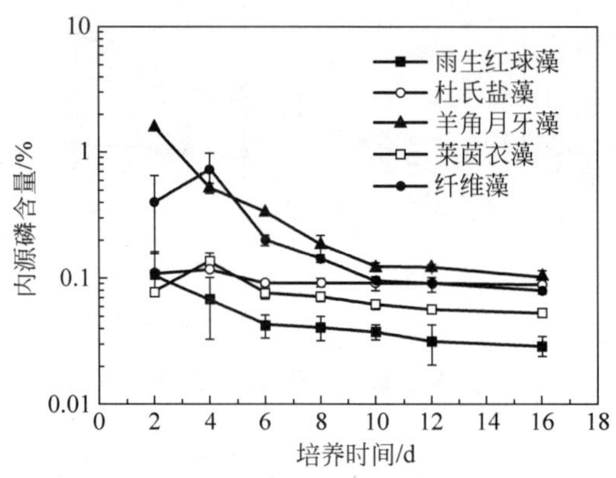

图 3.9 5 株微藻内源磷含量随时间的变化

3.2.4 不同微藻利用内源磷的生长特性总结

在本章研究中,采用了较低的初始 DTP 浓度,并提供了充足的光照以及其他营养,从而使得各株微藻能够充分发挥其利用内源磷生长的能力。培养 16 天后,17 株微藻的细胞内源磷含量能够下降至 0.028%～0.11%,远低于通常情况下的藻细胞磷含量(约为 1%)。同时,部分微藻的内源磷含量也远低于目前已报道的结果。以栅藻 LX1 为例,在第 2 章的研究中,采用 BG11 培养基对其进行培养,最终细胞内源磷含量能够降低至 0.6%左右;在前期研究中,采用生活污水二级出水对其进行培养,所得藻细胞的分子式为 $C_{297}H_{515}O_{170}N_{26}P$(李鑫,2011),对应的细胞磷含量为 0.43%;而在本章的培养条件下,其细胞内源磷含量最终下降至 0.028%左右。上述结果一方面证明了藻细胞具备较强的利用内源磷生长的能力,另一方面也说明培养条件将显著影响藻细胞利用内源磷的生长过程,进而影响藻细胞的内源磷含量以及单位磷实际生物质产量的变化。这部分内容将在第 4 章进行详细考察。

本章研究所采用的 17 株能源微藻中,除杜氏盐藻外,其余 16 株微藻均表现出较强的利用内源磷生长的能力。其中,椭圆栅藻、四尾栅藻、二形栅藻、羊角月牙藻和纤维藻在培养基中的 DTP 耗尽后,生物质的平均生长速率均能够达到甚至超过 DTP 耗尽前的平均生长速率。

在利用内源磷生长的过程中，不同能源微藻生物质干重随培养时间的变化规律可以归类为三种模式，如图 3.10 所示。

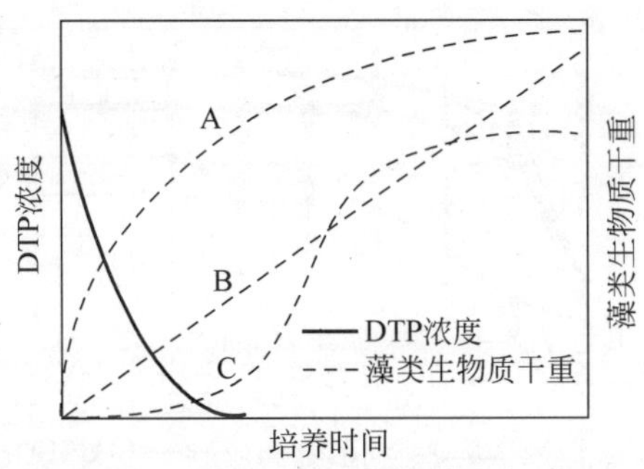

图 3.10　不同能源微藻利用内源磷生长过程中藻类生物质干重的变化

第一种生长模式(A 模式)的微藻，在 DTP 耗尽前能够保持较高的生长速率，而在 DTP 耗尽后，生长速率显著下降，一段时间后进入稳定生长期。本研究所用的大多数微藻均属于这种类型，包括小球藻 *sorokiniana*、普通小球藻、蛋白核小球藻、椭圆小球藻 YJ1、小球藻 ZTY1、小球藻 HQ、栅藻 LX1、斜生栅藻、四尾栅藻、雨生红球藻、杜氏盐藻和莱茵衣藻。

第二种生长模式(B 模式)的微藻，在 DTP 耗尽前后的生长速率相差不大，并且在本研究所采用的培养时间内，其生物质干重的增长并未体现出明显的稳定生长期。这一类型的藻种数量最少，代表藻种仅有小球藻 ZTY2 和二形栅藻。

第三种生长模式(C 模式)的微藻，在 DTP 耗尽前表现出明显的生长迟滞期，在 DTP 接近耗尽时才开始进入对数生长期，并在 DTP 耗尽后的较短时间内即进入稳定生长期。代表藻种为椭圆栅藻、四尾栅藻、羊角月牙藻和纤维藻。

在得到藻细胞利用内源磷生长的基础数据后，通过 Logistic 模型及 Droop 模型进行拟合分析，能够得出各株藻种的细胞最小磷含量 Q_0，从而计算得到其单位磷理论最大生物质产量 $Y_{potential}$，为大规模培养的藻种选择提供重要依据。

3.2.5　不同微藻利用内源磷生长的动力学模型分析

17 株微藻的生长曲线，即藻密度随培养时间的变化曲线如图 3.11 所示。藻密度的变化表征了藻细胞的种群密度随培养时间的增长，可用 Logistic 模型（式(2-1)）进行拟合，从而得出各株微藻的相关模型参数。对比图 3.11 与各株微藻的生物质干重增长曲线，可知藻细胞种群密度随培养

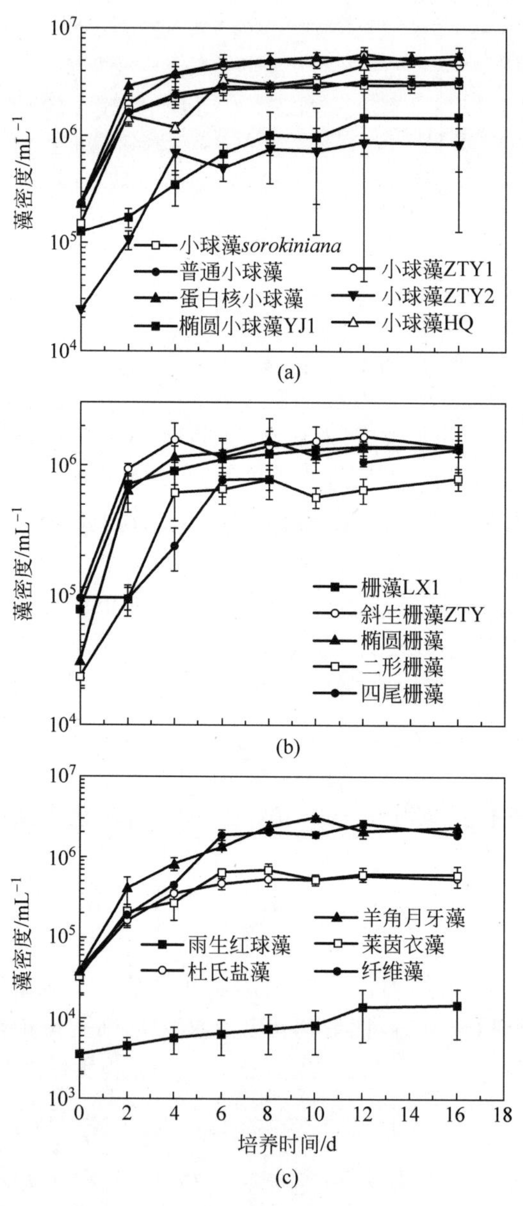

图 3.11　17 株微藻的生长曲线

(a) 小球藻；(b) 栅藻；(c) 其他微藻

时间的变化与藻类生物质干重的变化规律并不一致，这间接表明在利用内源磷生长的过程中，单个藻细胞的生理生化特性发生了显著改变，具体的变化规律将在第 5 章进行系统考察。

表 3.6 中列出了在 3.2 节所述培养条件下测试的 17 株微藻的 Logistic 模型参数。由表可知，对于绝大多数藻种，Logistic 模型拟合的相关系数(R^2)可以达到 0.85 以上，因此可以认为 Logistic 模型能够较好的描述这些微藻的生长过程。各株微藻的内禀生长速率 r 相差不大，除普通小球藻、斜生栅藻和杜氏盐藻外，其余微藻的内禀生长速率 r 均在 0.2～0.4d^{-1}之间。

表 3.6　不同微藻的 Logistic 模型参数

藻　种	内禀生长速率 r/d^{-1}	最大种群密度 K/mL^{-1}	种群生物量最大增长速率 $R_{max}/(mL^{-1}\cdot d^{-1})$	相关系数 R^2
小球藻 *sorokiniana*	0.254	3.2×10^6	2.0×10^5	0.97
普通小球藻	0.425	3.2×10^6	3.4×10^5	0.89
蛋白核小球藻	0.342	5.6×10^6	4.8×10^5	0.84
椭圆小球 YJ1	0.375	1.6×10^6	1.5×10^5	0.96
小球藻 ZTY1	0.282	5.8×10^6	4.1×10^5	0.95
小球藻 ZTY2	0.256	0.9×10^6	1.5×10^5	0.96
小球藻 HQ	0.282	4.5×10^6	3.2×10^5	0.90
椭圆栅藻	0.244	1.7×10^6	1.0×10^5	0.98
二形栅藻	0.227	0.7×10^6	0.4×10^5	0.94
四尾栅藻	0.369	1.1×10^6	1.0×10^5	0.95
斜生栅藻	0.464	1.5×10^6	1.7×10^5	0.91
栅藻 LX1	0.282	1.4×10^6	1.0×10^5	0.84
雨生红球藻	0.135	1.5×10^4	4.9×10^2	0.82
杜氏盐藻	0.487	0.6×10^6	0.7×10^5	0.87
羊角月牙藻	0.293	3.3×10^6	2.4×10^5	0.96
莱茵衣藻	0.236	0.8×10^6	0.5×10^5	0.94
纤维藻	0.243	2.0×10^6	1.2×10^5	0.89

由于不同属的微藻细胞尺寸相差较大，因此，各株微藻的最大种群密度 K 和种群生物量最大增长速率 R_{max} 存在较大的差异。小球藻属的 7 株微藻中，除椭圆小球藻 YJ1 和小球藻 ZTY2 外，其余微藻的 K 值和 R_{max} 值均分别达到 $3\times10^6 mL^{-1}$ 以上和 $2\times10^5 mL^{-1}\cdot d^{-1}$ 以上。由于细胞尺寸远大于小球藻，因此栅藻属的 5 株微藻的 K 值和 R_{max} 值均远低于小球藻，K 值在($0.7\times10^6\sim1.7\times10^6$)$mL^{-1}$ 之间，而 R_{max} 值则在($0.4\times10^5\sim1.7\times10^5$)$mL^{-1}\cdot d^{-1}$

之间。在剩余的5株微藻中,雨生红球藻的细胞尺寸是所有17株微藻中最大的,可以达到20～40μm。因此其 K 值和 R_{max} 值也是17株微藻中最小的,分别仅为 $1.5\times10^4 mL^{-1}$ 和 $4.9\times10^2 mL^{-1}\cdot d^{-1}$。

根据各株微藻的Logistic模型参数,可按照式(3-4)计算得到不同培养时间下,各株藻种的比生长速率 μ,而对应时刻的藻细胞内源磷含量 q_P 已经通过测定得出,μ 与 q_P 之间的关系可以采用Droop模型(式(1-5))进行描述。各株微藻的Droop模型参数如表3.7所示。由表可知,除二形栅藻、椭圆栅藻和莱茵衣藻外,其余微藻Droop模型拟合的相关系数可达到0.72以上,可以认为Droop模型能够描述其生长特性。其中,蛋白核小球藻、四尾栅藻和栅藻LX1的相关系数甚至高达0.9以上。

表3.7　不同微藻的Droop模型参数

藻　　种	最小细胞磷含量 Q_0/%	最大比生长速率 μ_m/d^{-1}	相关系数 R^2
小球藻 *sorokiniana*	0.043	0.198	0.79
普通小球藻	0.032	0.272	0.85
蛋白核小球藻	0.047	0.311	0.91
椭圆小球藻 YJ1	0.044	0.251	0.78
小球藻 ZTY1	0.080	0.173	0.73
小球藻 ZTY2	0.061	0.194	0.79
小球藻 HQ	0.117	0.188	0.72
椭圆栅藻	0.051	0.240	0.60
二形栅藻	0.082	0.290	0.64
四尾栅藻	0.095	0.165	0.95
斜生栅藻	0.044	0.122	0.75
栅藻 LX1	0.016	0.203	0.96
雨生红球藻	0.026	0.142	0.75
杜氏盐藻	0.084	0.169	0.80
羊角月牙藻	0.088	0.245	0.73
莱茵衣藻	0.042	0.300	0.62
纤维藻	0.071	0.317	0.83

17株微藻的最大比生长速率 μ_m 相近,分布在 $0.122\sim0.317d^{-1}$ 之间。在7株小球藻属的微藻中,蛋白核小球藻的 μ_m 值最大,达到 $0.311d^{-1}$;而小球藻ZTY1的 μ_m 值仅为 $0.173d^{-1}$。5株栅藻的平均 μ_m 值为 $0.204d^{-1}$,与栅藻LX1的 μ_m 值十分接近;而斜生栅藻的 μ_m 值是17株微藻中最小的,仅为 $0.122d^{-1}$。其余5株微藻中,莱茵衣藻和纤维藻的 μ_m 值相对较高,均

达到了0.3d^{-1}以上。

与μ_m不同,不同微藻的最小细胞磷含量Q_0差异显著,即使是同一属的微藻,Q_0值的差距也很大。在7株小球藻属的微藻中,小球藻HQ的Q_0值最大,可以达到0.117%,而普通小球藻的Q_0值最小,仅为0.032%,两株微藻的Q_0值相差近3.7倍。在5株栅藻属的微藻中,栅藻LX1的Q_0值仅为0.016%,远低于其他各株微藻,这也是其能够在DTP耗尽后仍然能够保持较高生长速率的重要原因。四尾栅藻的Q_0值则高达0.095%,是栅藻LX1的近6倍。其余5株微藻中,杜氏盐藻和羊角月牙藻的Q_0值相对较高,均达到0.08%以上,而雨生红球藻的Q_0值在17株微藻中仅高于栅藻LX1,为0.026%。

根据第2章的研究结果,为了实现单位磷生物质产量达到200～300kg·kg^{-1}的技术目标,并同时获得较高的生长速率,所采用藻种的最小细胞磷含量Q_0至少应低于0.1%。如表3.7所示,本章采用的17株能源微藻中大部分微藻能满足这一要求。其中,如果采用Q_0值最低的栅藻LX1进行生物质生产,当单位磷生物质产量达到300kg·kg^{-1}时,其比生长速率μ将高达理论最大值μ_m的95%以上。

按照Droop模型,藻细胞在一定内源磷含量下的比生长速率由最大比生长速率μ_m和最小细胞磷含量Q_0共同决定。17株微藻的平均生长速率与其μ_m之间的关系如图3.12所示。由图可知,各株微藻的平均生长速率与其最大比生长速率μ_m之间并无较强的相关性。部分微藻的μ_m值相对较小,但其在DTP耗尽前后的平均生长速率却远高于其他多株微藻,例如雨生红球藻,而部分微藻则与之正好相反。

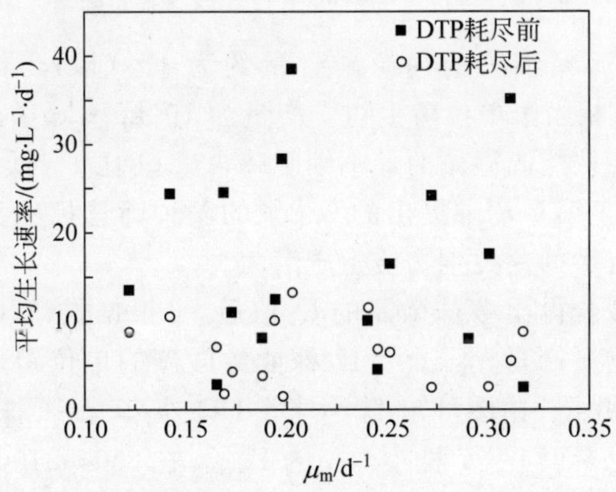

图3.12 不同微藻的平均生长速率与其μ_m之间的关系

17 株微藻的平均生长速率与其 Q_0 之间的关系如图 3.13 所示。可以看出，在 DTP 耗尽前后，各株微藻的平均生长速率与 Q_0 之间均呈一定的负相关关系。17 株微藻中 Q_0 值最小的栅藻 LX1 在 DTP 耗尽前后的平均生长速率分别达到 38.4mg·L^{-1}·d^{-1} 和 13.2mg·L^{-1}·d^{-1}，是测试的所有微藻中最大的。与之相反，小球藻 HQ 的 Q_0 值高达 0.117%，是 17 株微藻中最大，而其平均生长速率则显著低于绝大多数其他的微藻。对比图 3.12 和图 3.13 可以看出，与 μ_m 值相比，各株微藻的平均生长速率与其 Q_0 值相关性更强。这是由于 μ_m 值只能在较小范围内变动，而各微藻 Q_0 的最小值和最大值之间相差超过 7 倍，因此，Q_0 值的差异是导致各株微藻平均生长速率各不相同的重要原因。

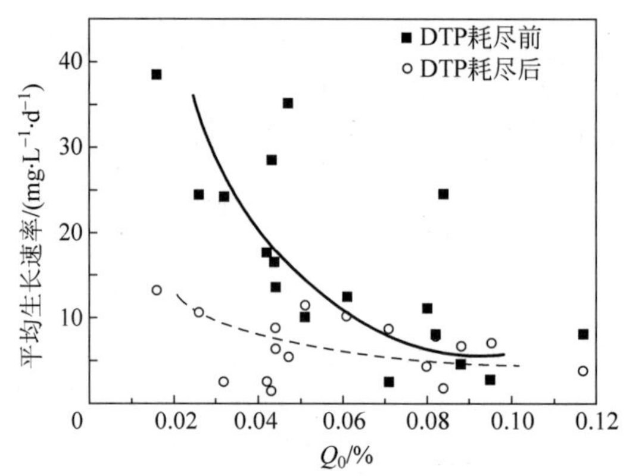

图 3.13 17 株微藻的平均生长速率与其 Q_0 之间的关系

3.2.6 不同微藻的单位磷理论生物质产量对比

一般情况下，藻细胞的内源磷含量约为 1%（Borchard et al.，1968；Stewart，1974），相当于单位磷生物质产量为 100kg·kg^{-1}。而本章的研究发现，测试的 17 株能源微藻的最小细胞磷含量 Q_0 比 1% 低 1～2 个数量级，同样，也远远低于第 2 章中提出的 0.2% 的藻种筛选标准。这说明 1kg 磷资源中蕴藏着巨大的藻类生物质生产潜力。

通过模型拟合得出各株微藻的 Q_0 值后，可根据式(3-4)计算其单位磷的理论最大生物质产量 $Y_{potential}$。17 株能源微藻的单位磷理论最大生物质产量如图 3.14 所示。由图可知，除小球藻 HQ 外，其余 16 株微藻的 $Y_{potential}$ 均达到 1000kg·kg^{-1} 以上。7 株小球藻的 $Y_{potential}$ 在 850～3100kg·kg^{-1} 之间，其中普通小球藻的 $Y_{potential}$ 值最高。在 5 株栅藻中，栅藻 LX1 的 $Y_{potential}$ 值高达约 6100kg・kg^{-1}，远高于其他 16 株微藻，而其余 4 株栅藻的 $Y_{potential}$ 值则在 1050～2200kg・kg^{-1}之间。在其余 5 株微藻中，雨生红球藻的 $Y_{potential}$ 值高达 3800kg・kg^{-1}，仅次于栅藻 LX1，而莱茵衣藻的 $Y_{potential}$ 值也达到 2400kg・kg^{-1}左右。

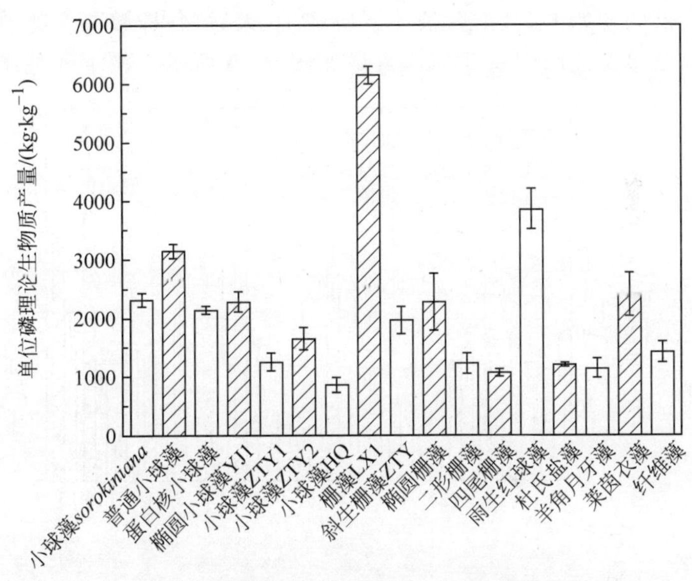

图 3.14　17 株能源微藻的单位磷理论生物质产量

在当前的藻类培养研究中，对于能源微藻的单位磷理论生物质产量关注较少，可以参考的结果多是水华相关藻种的 Q_0 值及对应的 $Y_{potential}$。在对尖头颤藻的研究中，Healey(1985)发现其细胞最小磷含量 Q_0 约为 0.179%，对应的 $Y_{potential}$ 为 560kg・kg^{-1}左右，远低于本研究中测试的 17 株能源微藻；而在对河生水绵的研究中，Borchardt(1994)发现其 Q_0 约为 0.06%，对应的 $Y_{potential}$ 可以达到 1600kg・kg^{-1} 以上，高于本研究中测试的小球藻 ZTY1、二形栅藻、羊角月牙藻等 8 株微藻，但仍然显著低于栅藻 LX1、雨生红球藻等具备高 $Y_{potential}$ 值的能源微藻。上述研究结果表明，部分能源微藻具备很高的单位磷生物质生产潜力，而如何通过培养条件的调控，使得单位磷的实际生物质产量 $Y_{x/p}$ 能够接近甚至达到 $Y_{potential}$，具有重要研究价值，在第 4 章中将对此开展系统研究。

3.3 不同微藻利用内源磷生长的油脂积累特性

3.3.1 不同微藻利用内源磷生长的油脂积累情况

在较低的初始 DTP 浓度条件下培养 16 天后，各株微藻生物质中的油脂含量以及单位油脂中的 TAGs 含量如图 3.15 所示。在小球藻属的 7 株

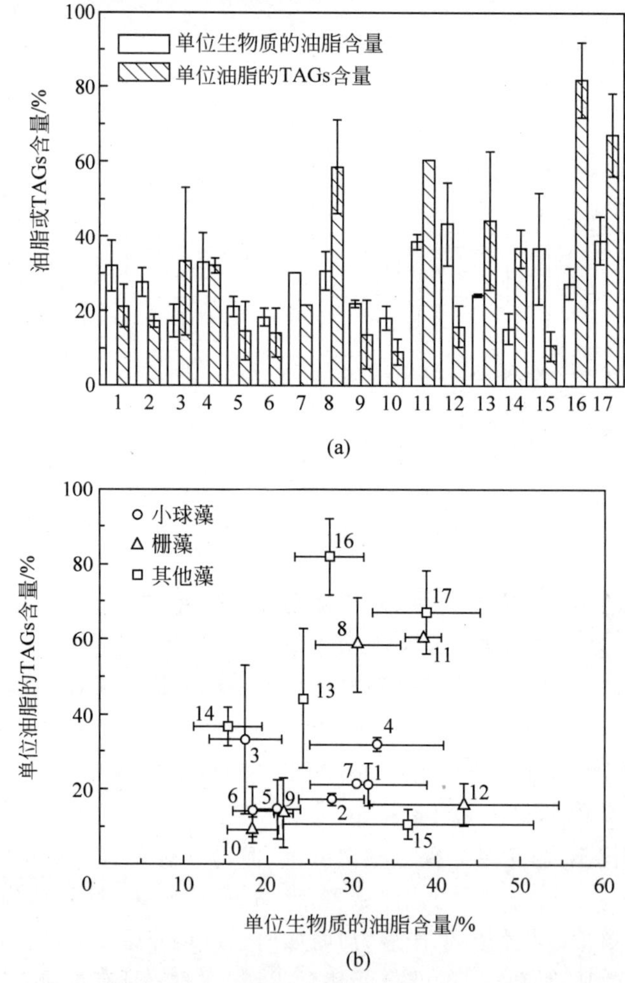

图 3.15 17 株微藻的油脂和 TAGs 含量

1—小球藻 *sorokiniana*；2—普通小球藻；3—蛋白核小球藻；4—椭圆小球藻 YJ1；5—小球藻 ZTY1；6—小球藻 ZTY2；7—小球藻 HQ；8—栅藻 LX1；9—斜生栅藻 ZTY；10—椭圆栅藻；11—二形栅藻；12—四尾栅藻；13—雨生红球藻；14—杜氏盐藻；15—羊角月牙藻；16—莱茵衣藻；17—纤维藻

微藻中，椭圆小球藻 YJ1 的油脂含量最高，达到约 33.0%，略低于其在二级出水中培养时的油脂含量(Yang et al.，2011a)，其油脂中的 TAGs 含量达到 32.1%左右，是7株小球藻中第二高的。蛋白核小球藻的油脂含量仅为 17.4%，是17株能源微藻中最低的。其余各株小球藻油脂中的 TAGs 含量均在 14.1%～33.3%之间。

在栅藻属的5株微藻中，四尾栅藻的油脂含量达到 43.3%，高于其他各株栅藻，同时其也是17株微藻中油脂含量最高的，但其油脂中的 TAGs 含量仅为 15.9%。二形栅藻的油脂含量达到 38.5%，同时 TAGs 含量高达 60.5%，是17株微藻中两项指标综合而言最高的。栅藻 LX1 的油脂含量和油脂中的 TAGs 含量分别可达到 30.7%和 58.5%，与其在二级出水中培养时的水平相当(李鑫，2011)。而椭圆栅藻的油脂含量和油脂中的 TAGs 含量仅分别为 18.3%和 9.2%，均显著低于其他各株栅藻。

在其余5株微藻中，莱茵衣藻的油脂含量约为 27.3%，而其油脂中的 TAGs 含量则高达 81.9%，是17株微藻中最高的。此外，纤维藻也表现出了较强的油脂积累能力，其油脂含量和油脂中的 TAGs 含量分别高达 38.8%和 67.2%。

根据培养16天后的生物质干重，以及生物质中的油脂、TAGs 含量，可以计算得到各株微藻的油脂及 TAGs 的平均生产速率。与单纯的油脂、TAGs 含量相比，生产速率是一个更具有实际意义的指标。17株微藻的油脂及 TAGs 平均生产速率如图 3.16 所示。

7株小球藻的油脂和 TAGs 平均生产速率相差不大，分别在 1.51～3.24mg・L^{-1}・d^{-1}以及 0.39～1.04mg・L^{-1}・d^{-1}之间，其中椭圆小球藻 YJ1 的油脂生产速率和 TAGs 生产速率均为7株小球藻中最大的。

在5株栅藻中，虽然栅藻 LX1 的油脂含量和油脂中的 TAGs 含量并不是最高的，但是其生物质产量却远高于其他各株微藻，因此其油脂和 TAGs 的平均生产速率是17株微藻中最高的，分别达到 6.07mg・L^{-1}・d^{-1}和 3.56mg・L^{-1}・d^{-1}。其余栅藻的油脂生产速率与小球藻相近，均在 2.03～3.09mg・L^{-1}・d^{-1}之间，二形栅藻的 TAGs 生产速率则相对较高，达到 1.87mg・L^{-1}・d^{-1}。

其余5株微藻中，莱茵衣藻和纤维藻都达到了较高的油脂及 TAGs 生产速率。其中，莱茵衣藻的 TAGs 生产速率为 2.64mg・L^{-1}・d^{-1}，在17株微藻中仅次于栅藻 LX1。此外，雨生红球藻的油脂生产速率可达到 3.50mg・L^{-1}・d^{-1}，在17株微藻也仅次于栅藻 LX1。

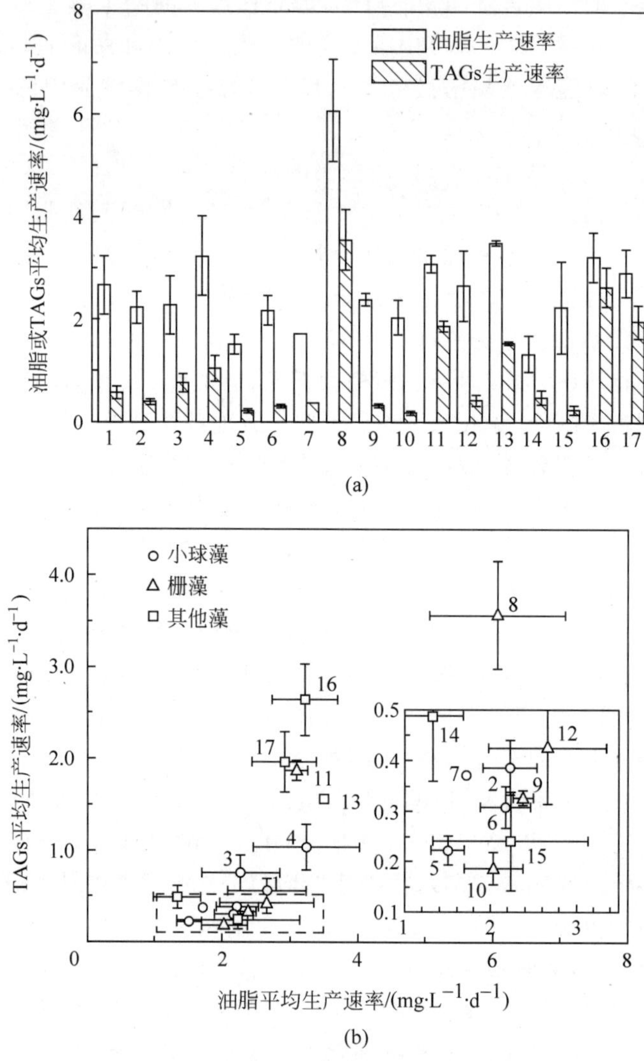

图 3.16　17 株微藻的油脂和 TAGs 平均生产速率

1—小球藻 *sorokiniana*；2—普通小球藻；3—蛋白核小球藻；4—椭圆小球藻 YJ1；5—小球藻 ZTY1；6—小球藻 ZTY2；7—小球藻 HQ；8—栅藻 LX1；9—斜生栅藻 ZTY；10—椭圆栅藻；11—二形栅藻；12—四尾栅藻；13—雨生红球藻；14—杜氏盐藻；15—羊角月牙藻；16—莱茵衣藻；17—纤维藻

为了在藻类生物燃料，特别是生物柴油的生产过程中有效削减磷资源的消耗量，除藻类油脂和 TAGs 的总产量外，还需要关注消耗单位磷资源生产得到的油脂及 TAGs 产量(即单位磷油脂产量和单位磷 TAGs 产量)。17 株能源微藻的单位磷油脂及 TAGs 产量如图 3.17 所示。与油脂及 TAGs 的生产速率情况类似，栅藻 LX1 的单位磷油脂及 TAGs 产量均显著高于其他 16 株微藻，分别达到 1830kg・kg^{-1} 和 680kg・kg^{-1}。在其余微藻中，小球藻 *sorokiniana* 和普通小球藻的单位磷油脂产量相对较高，可分别达到 660kg・kg^{-1} 和 830kg・kg^{-1}；莱茵衣藻和纤维藻的单位磷 TAGs 产量则仅次于栅藻 LX1，分别为 420kg・kg^{-1} 和 320kg・kg^{-1}。

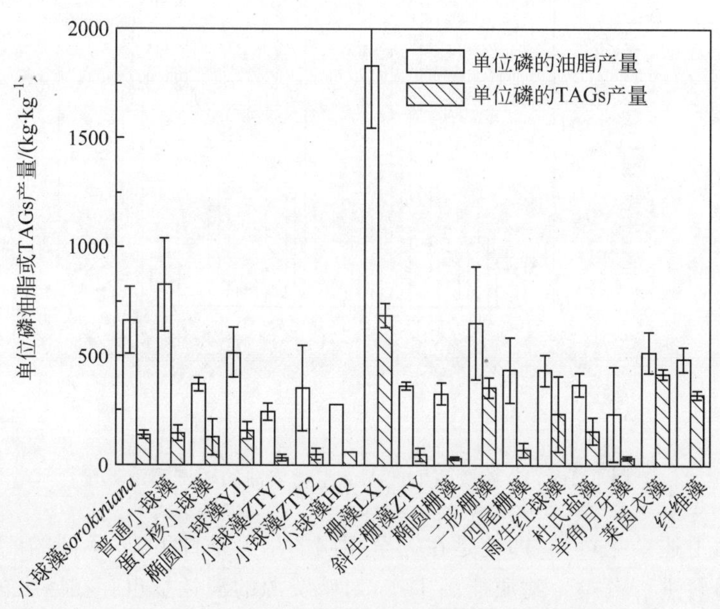

图 3.17　17 株微藻的单位磷油脂和 TAGs 产量

3.3.2　不同微藻生产生物柴油的磷资源消耗对比

在上述结果的基础上，根据藻类生物质中油脂的提取效率(70%，Lee et al.，2010)以及油脂转化为生物柴油的效率(96%，Antolin et al.，2002)，可以计算得出以 17 株能源微藻为原材料生产生物柴油的磷资源消耗量，如图 3.18 所示。由于栅藻 LX1 的单位磷油脂及 TAGs 产量均显著高于其他 16 株能源微藻，因此，以其为原料生产生物柴油消耗的磷资源是最少的，仅为 0.0022kg · kg^{-1}。除栅藻 LX1 外，以二形栅藻、莱茵衣藻和纤维藻作为原料生产生物柴油，对磷资源的消耗量也相对较少，分别为 0.0042kg · kg^{-1}、0.0036kg · kg^{-1}和 0.0046kg · kg^{-1}。而其余微藻对磷资源的消耗量均在 0.01kg · kg^{-1}以上，部分微藻的磷资源消耗量甚至超过 0.04kg · kg^{-1}，例如小球藻 ZTY1 和椭圆栅藻。其中，椭圆栅藻是测试的 17 株微藻中磷资源消耗最大的，达到 0.054kg · kg^{-1}以上，是栅藻 LX1 磷资源消耗量的 25 倍左右。

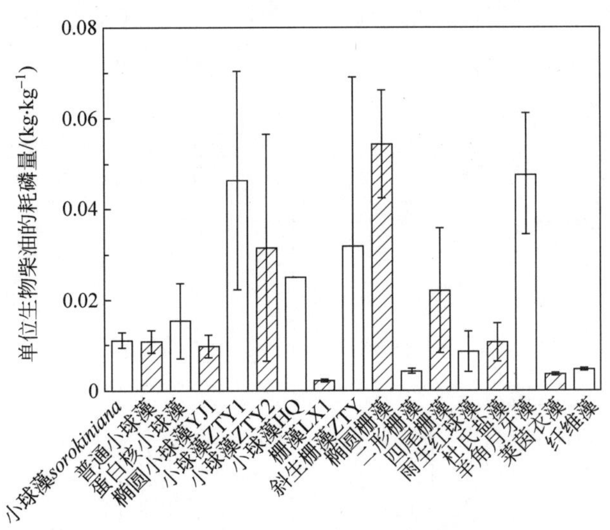

图 3.18 17 株微藻生产 1kg 生物柴油的磷资源消耗量

由上述结果可知，即使是在完全相同的培养条件下，以不同的能源微藻为原材料进行藻类生物质能源生产，对磷资源的消耗量也存在巨大的差异。因此，选择适当的藻种对于有效削减藻类生物质能源生产的磷资源消耗量有十分重要的意义。

表 3.8 将本研究中栅藻 LX1 生产 1kg 生物柴油的磷资源消耗量与文献报道的结果进行了对比。在对文献的原始数据进行转化时，采用的生物柴油密度为 0.9kg · L^{-1}(Alptekin et al.，2008)。Pate 等人(2011)在对藻类生物柴油的资源消耗分析中指出，视藻类生物质的油脂含量不同，生产 1kg 生物柴油的磷资源消耗量在 36～91g · kg^{-1}之间变化；而在 Yang 等人(2011b)的生命周期评价中，这一参数的取值为 70g · kg^{-1}。

表 3.8　生产 1kg 生物柴油的磷资源消耗量对比

油脂含量/%	磷资源消耗量/(g·kg^{-1})	参考文献
50	36*	Pate et al.,2011
20	91*	Pate et al.,2011
30	71	Yang et al.,2011b
—	70	Pate et al.,2011
30.7	2.2	本工作,栅藻 LX1

* 原文献中以藻类油脂(algal oil)产量计算,此处按 96%的转化效率折算为生物柴油产量以便比较。

与已有的研究结果相比,以栅藻 LX1 为原料进行藻类生物柴油生产的磷资源消耗量能够降低 1 个数量级以上。这一结果表明,目前藻类生物质能源生产的磷资源消耗量仍然有较大的可削减空间,而采用适宜的藻种是有效降低磷资源消耗量的重要手段。

3.4　高效利用磷资源的模式藻种选择

综合上述研究结果,可获得 17 株能源微藻在生物质生产、油脂生产及磷资源消耗等三个方面的综合评价指标,如表 3.9 所示。

表 3.9　不同微藻的综合评价指标对比

藻　种	Q_0/%	$Y_{potential}$ /(kg·kg^{-1})	TAGs 生产速率 /(mg·L^{-1}·d^{-1})	单位磷 TAGs 产量/(kg·kg^{-1})	生物柴油磷消耗量/(g·kg^{-1})
小球藻 *sorokiniana*	0.043	2300	0.57	136	11.1
普通小球藻	0.032	3140	0.39	143	10.8
蛋白核小球藻	0.047	2130	0.76	126	15.4
椭圆小球藻 YJ1	0.044	2270	1.04	156	9.83
小球藻 ZTY1	0.080	1250	0.22	32	46.2
小球藻 ZTY2	0.061	1640	0.31	47	31.5
小球藻 HQ	0.12	850	0.37	59	25.1
栅藻 LX1	**0.016**	**6140**	**3.56**	**685**	**2.18**
斜生栅藻	0.051	1960	0.33	47	31.8
椭圆栅藻	0.044	2270	0.19	27	54.3
二形栅藻	0.082	1220	1.87	351	4.24
四尾栅藻	0.095	1050	0.42	67	22.1

续表

藻　种	Q_0/%	$Y_{potential}$ /(kg·kg^{-1})	TAGs 生产速率 /(mg·L^{-1}·d^{-1})	单位磷 TAGs 产量/(kg·kg^{-1})	生物柴油磷消耗量/(g·kg^{-1})
雨生红球藻	0.026	3840	1.54	232	8.60
杜氏盐藻	0.084	1190	0.49	156	10.7
羊角月牙藻	0.088	1130	0.24	31	47.7
莱茵衣藻	0.042	2390	2.64	417	3.57
纤维藻	0.071	1410	1.96	321	4.64

由表 3.9 可知，与其他 16 株微藻相比，栅藻 LX1 具有更小的最小细胞磷含量 Q_0，因此，其单位磷的理论生物质产量 $Y_{potential}$ 显著高于其他各株微藻；同时，其 TAGs 的生产速率以及单位磷的 TAGs 产量也显著高于各株微藻，因此，以其为原材料进行生物柴油生产消耗的磷资源更少。除上述优势外，前期研究也证明栅藻 LX1 氮磷去除效率高、油脂积累量大、抗污染能力强(李鑫，2011)，是一株适于大规模培养的优良藻种。在本论文的后续研究中，也将其作为模式藻种，进一步系统考察培养条件对单位磷实际生物质产量的影响，以及藻细胞在利用内源磷生长过程中的生理生化特性变化。

3.5 本章小结

(1) 本研究中测试的 17 株能源微藻均具备利用细胞储存的内源磷进行生长的能力，大部分微藻的生长过程符合 Logistic 模型以及 Droop 模型。

(2) 在 17 株能源微藻中，栅藻 LX1 的细胞最小磷含量 Q_0 最低，仅为 0.016%，因此其单位磷的理论生物质产量 $Y_{potential}$ 显著高于其他微藻，达到 6100kg·kg^{-1}以上。

(3) 在 16 天的培养中，栅藻 LX1 的平均油脂及 TAGs 生产速率显著高于其他微藻，最终其单位磷的油脂及 TAGs 产量分别达到 1830kg·kg^{-1}和 680kg·kg^{-1}，同样是 17 株微藻中最高的。

(4) 以栅藻 LX1 为原材料，生产 1kg 生物柴油的磷资源消耗量可降低至 2.2g，仅为现有文献报道值的 1/30～1/50。

第4章 培养条件对藻细胞利用内源磷生长的影响

在第3章研究的17株能源微藻中，栅藻LX1具有最低的细胞最小磷含量Q_0以及最大的单位磷理论生物质产量$Y_{potential}$，并且其单位磷的油脂产量以及TAGs产量也是17株微藻中最大的。因此，本章将以栅藻LX1作为研究对象开展相关研究。

前期的研究结果表明，不同藻种利用内源磷生长的能力存在较大的差异，同时，培养条件也会对藻细胞利用内源磷的生长过程产生显著影响。虽然栅藻LX1的$Y_{potential}$高达6100kg·kg^{-1}，然而在藻类培养过程中，单位磷的实际生物质产量$Y_{x/p}$受到培养条件的显著影响，往往难以达到其理论最大值$Y_{potential}$。在第2章的研究中，栅藻LX1的单位磷实际生物质产量$Y_{x/p}$仅为160kg·kg^{-1}；而在第3章的研究中，由于培养条件的改变，栅藻LX1的$Y_{x/p}$大幅度提高至3850kg·kg^{-1}。为了在藻类培养过程中有效调控单位磷的实际生物质产量，提高磷资源的利用效率，有必要对不同培养条件下藻细胞利用内源磷的生长过程以及单位磷实际生物质产量的变化进行系统研究。

本章以栅藻LX1为研究对象，考察其在不同的初始DTN、DTP浓度及光照强度下利用内源磷的生长过程以及油脂积累情况，揭示培养条件对单位磷实际生物质产量的影响规律。

4.1 材料与方法

4.1.1 材料

1. 藻种

根据第3章的研究结果，选择单位磷理论生物质产量最大的栅藻LX1作为本章的研究对象，藻种来源及其保存方式同2.1.1节。

2. 培养基

以 BG11 培养基为基础，调整其氮磷浓度，其余成分同普通的 BG11 培养基，氮源和磷源分别为 $NaNO_3$ 和 $K_2HPO_4 \cdot 3H_2O$。

在初始 DTN 浓度影响的研究中，四个实验组培养基的初始 DTN 浓度分别为 5.0mg·L^{-1}、10.0mg·L^{-1}、25.0mg·L^{-1} 和 50.0mg·L^{-1}，初始 DTP 浓度均为 0.2mg·L^{-1}。在初始 DTP 浓度影响的研究中，初始 DTP 浓度分别为 0.05mg·L^{-1}、0.1mg·L^{-1}、0.2mg·L^{-1} 和 0.5mg·L^{-1}，初始 DTN 浓度均为 50mg·L^{-1}。

3. 主要仪器设备

自行设计的藻类培养系统如 2.1.1 节所述，其余同 3.1.1 节。

4.1.2 方法

1. 藻类培养

本章的藻类培养在自行设计制作的光生物反应器中进行，如 2.1.2 节所述。

在初始 DTN 浓度影响的研究中，采用的光照强度为 5000lx。其他培养条件同 2.1.2 节。

在初始 DTP 浓度与光照强度的综合影响研究中，初始光照强度为 3000lx，当藻类生长进入稳定期后，增大光照强度至 5000lx；当藻类生长再次进入稳定期后，再增大光照强度至 8000lx。其他培养条件同 2.1.2 节。

2. 藻类生长测定

同 3.1.2 节。

3. 藻类生长动力学分析

同 3.1.2 节。

4. 水质指标测定

同 2.1.2 节。

5. 藻类生物质油脂含量测定

同 3.1.2 节。

6. 藻细胞内源氮磷含量测定

同 2.1.2 节。

7. 单位磷实际生物质产量的计算

根据物料平衡，培养基中 DTP 的减少量等于藻细胞对 DTP 的吸收量，因此，单位磷实际生物质产量可按式(4-1)进行计算：

$$Y_{x/p} = \frac{\Delta X}{\Delta \mathrm{DTP}} \tag{4-1}$$

式中，$Y_{x/p}$ 为单位磷实际生物质产量，$\mathrm{kg \cdot kg^{-1}}$；

ΔX 为藻类生物质干重的变化量，$\mathrm{mg \cdot L^{-1}}$；

ΔDTP 为培养基中 DTP 的变化量，$\mathrm{mg \cdot L^{-1}}$。

4.2 初始总氮浓度对单位磷实际生物质产量的影响

4.2.1 不同初始总氮浓度下藻细胞对溶解性氮磷的吸收情况

不同初始 DTN 浓度下，栅藻 LX1 对培养基中 DTN 的吸收情况如图 4.1 所示。由于藻类在其生长过程中将大量吸收氮磷，因此各实验组培

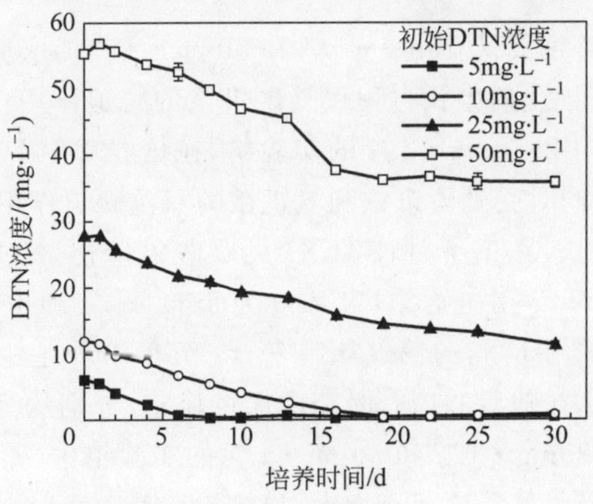

图 4.1　不同初始 DTN 浓度下栅藻 LX1 对 DTN 的吸收情况

养基中的 DTN 浓度均随培养时间的延长而显著下降。在 DTN 浓度为 $25mg \cdot L^{-1}$ 和 $50mg \cdot L^{-1}$ 的实验组中，由于培养基中的 DTN 非常充足，培养 30 天后藻细胞尚不能将其完全吸收，剩余 DTN 的浓度分别高达 $11.2mg \cdot L^{-1}$ 和 $35.8mg \cdot L^{-1}$。在 DTN 浓度为 $5mg \cdot L^{-1}$ 和 $10mg \cdot L^{-1}$ 的实验组中，藻细胞分别在培养的第 6 天和第 19 天将培养基中的 DTN 完全吸收，此后，藻细胞进入氮饥饿状态。

不同初始 DTN 浓度下，栅藻 LX1 对培养基中 DTP 的吸收情况如图 4.2 所示。由于培养基中的 DTP 浓度仅为 $0.2mg \cdot L^{-1}$ 左右，各实验组的藻细胞均能够将其迅速吸收。在培养 4 天之后，培养基中的 DTP 均下降至检测限以下。

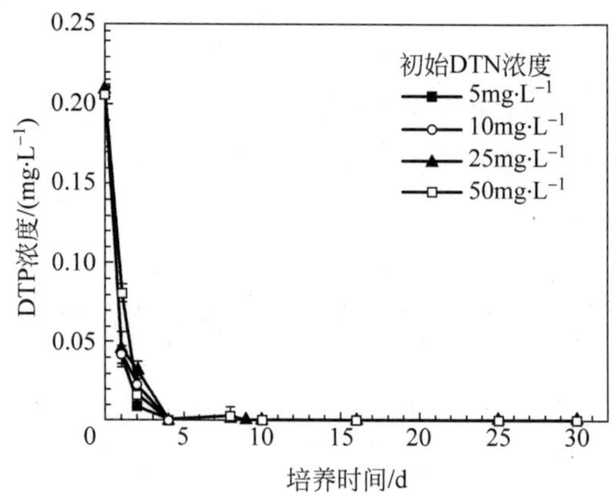

图 4.2 不同初始 DTN 浓度下栅藻 LX1 对 DTP 的吸收情况

对于 DTN 浓度高达 $25mg \cdot L^{-1}$ 和 $50mg \cdot L^{-1}$ 的实验组，由于培养基中 DTN 充足，藻细胞的生长过程仅受磷饥饿的胁迫作用；而对于 DTN 浓度仅为 $5mg \cdot L^{-1}$ 和 $10mg \cdot L^{-1}$ 的实验组，在培养基中 DTN 耗尽后，藻细胞的生长过程则同时受到磷饥饿和氮饥饿的双重胁迫作用。

不同初始 DTN 浓度下，栅藻 LX1 的吸收氮磷比（N/P）随培养时间的变化如图 4.3 所示。在初始 DTN 浓度为 $5mg \cdot L^{-1}$ 和 $10mg \cdot L^{-1}$ 的实验组中，藻细胞分别在培养的第 8 天和第 19 天将培养基中的 DTN 完全吸收，其吸收氮磷比在随后的培养时间内保持稳定，分别约为 26 和 50。在初始 DTN 浓度为 $25mg \cdot L^{-1}$ 和 $50mg \cdot L^{-1}$ 的实验组中，藻细胞无法将外源氮完全吸收，其吸收氮磷比逐渐增大，最终均达到 100 以上。

在前期研究中，李鑫（2011）发现栅藻 LX1 具备很强的氮磷吸收能力，

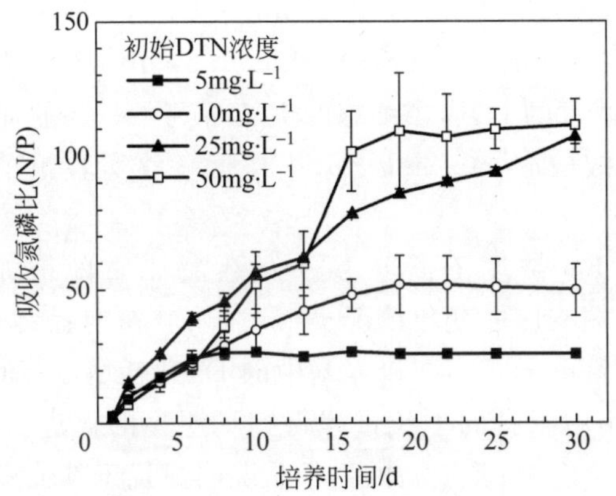

图 4.3　不同初始 DTN 浓度下栅藻 LX1 吸收氮磷的比例随培养时间的变化

在外源氮过量的情况下，其吸收氮磷比可达到 46 左右。本研究的结果则表明，由于栅藻 LX1 在利用内源磷的生长过程中仍然能够大量吸收外源氮，其吸收氮磷比将随着其利用内源磷的生长而不断增大，最终可高达 100～110。

4.2.2　不同初始总氮浓度下藻细胞利用内源磷的生长特性

不同初始 DTN 浓度下栅藻 LX1 的藻密度随培养时间的变化如图 4.4 所示。在培养初期，各实验组藻细胞的生长状况并无显著性差异，而随着培养基中 DTP 的耗尽，藻细胞的生长逐渐进入稳定期。培养 30 天后，初始

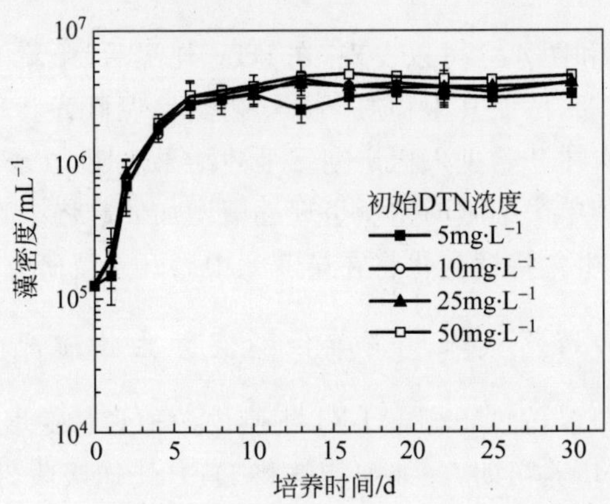

图 4.4　不同初始 DTN 浓度下栅藻 LX1 的藻密度随培养时间的变化

DTN浓度为5mg·L^{-1}、10mg·L^{-1}、25mg·L^{-1}、50mg·L^{-1}的实验组藻密度分别达到3.4×10^{6}mL^{-1}、4.1×10^{6}mL^{-1}、4.2×10^{6}mL^{-1}和4.7×10^{6}mL^{-1}。随着初始DTN浓度的上升，藻细胞的生长得到了一定的促进，但是由于初始DTN浓度较低（仅为0.2mg·L^{-1}），最终各实验组的藻密度差距并不大。

不同初始DTN浓度下栅藻LX1的生物干重随培养时间的变化如图4.5所示。与藻密度的变化情况类似，在培养初期各实验组藻类生物质的干重并无显著性差异。而在培养基中的DTP耗尽后，随着DTN浓度的升高，藻细胞利用内源磷的生长过程得到了明显的促进。在DTN浓度为50mg·L^{-1}的实验组中，藻细胞的生长状况明显优于其他实验组。

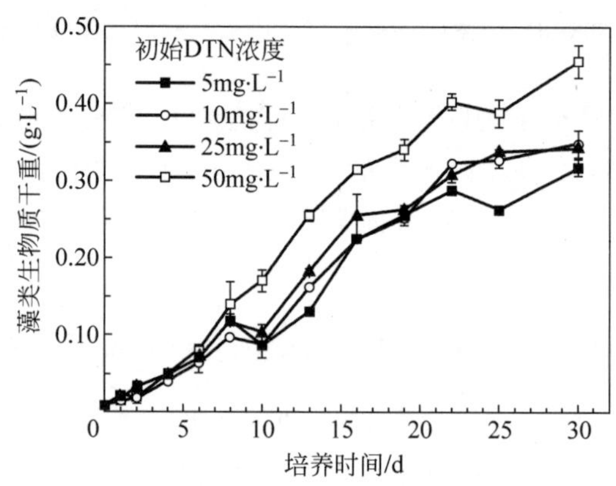

图4.5 不同初始DTN浓度下栅藻LX1的生物质干重随培养时间的变化

对比图4.4和图4.5可以发现，在DTP耗尽后，栅藻LX1藻密度的增长已经进入稳定期，然而其生物质干重却仍然呈现显著上升的趋势，直到培养的第20天左右才开始进入稳定期。上述结果表明，在藻细胞利用内源磷生长的过程中，其单个细胞的重量呈现逐渐增加的趋势。除细胞重量外，藻细胞的其他生理生化特性变化将在第5章中展开系统研究。

4.2.3 不同初始总氮浓度下单位磷实际生物质产量的变化

不同初始DTN浓度下栅藻LX1细胞内源磷含量随培养时间的变化如图4.6所示。在培养初期，藻细胞能够将DTP快速吸收，因此各实验组藻细胞的内源磷含量相对较高，均在1%～2%之间。培养4天后，由于培养基中DTP的耗尽，藻细胞开始进入利用内源磷的生长阶段。随着藻类生物质的不断增长，四个实验组中藻细胞的内源磷含量均显著降低。培养 30 天后，初始 DTN 浓度分别为 5mg・L^{-1}、10mg・L^{-1}、25mg・L^{-1}、50mg・L^{-1}的实验组藻细胞内源磷含量分别降至藻细胞干重的 0.068%、0.065%、0.056%以及 0.033%。

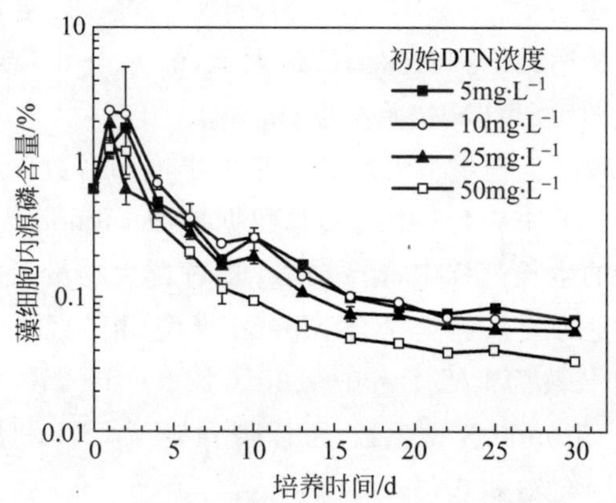

图 4.6　不同初始 DTN 浓度下栅藻 LX1 细胞内源磷含量随培养时间的变化

结合图 4.5 和图 4.6 可知，虽然在各实验组的培养条件下，栅藻 LX1 均可利用细胞中储存的内源磷进行生长，但是培养基中的 DTN 浓度将显著影响其利用内源磷的生长过程。

栅藻 LX1 利用内源磷的生长过程可由 Logistic 模型进行拟合，结果如表 4.1 所示。可以看出，随着初始 DTN 浓度的升高，栅藻 LX1 的最大生物量 K 以及生物量最大增长速率均 R_{max} 均显著上升。而内禀生长速率 r 代表藻细胞在理想条件下(食物、空间等不受限制)的种群增殖潜力，因此，各实验组中栅藻 LX1 的 r 基本一致。

表 4.1　栅藻 LX1 利用内源磷生长过程的 Logistic 模型拟合结果

初始 DTN 浓度 /(mg・L^{-1})	Logistic 模型参数			
	内禀生长速率 r/d^{-1}	最大生物量 K/(g・L^{-1})	生物量最大增长速率 R_{max}/(g・L^{-1}・d^{-1})	相关系数 R^2
5	0.21	0.32	0.016	0.93
10	0.23	0.35	0.020	0.98
25	0.25	0.34	0.022	0.97
50	0.23	0.46	0.026	0.93

前期研究发现在外源 DTP 充足的情况下，栅藻 LX1 的种群生物量最大增长速率 R_{max} 与初始 DTN 浓度的关系符合 Monod 模型(李鑫，2011)，如式(4-2)所示。

$$R_{max} = \frac{R'_{max} S}{K_s + S} \tag{4-2}$$

式中，R'_{max} 为 DTN 达到饱和时 R_{max} 的最大值，$mL^{-1} \cdot d^{-1}$ 或 $g \cdot L^{-1} \cdot d^{-1}$；

S 为培养基中的 DTN 初始浓度，$mg \cdot L^{-1}$；

K_s 为藻类种群生物量最大增长速率的半饱和常数，$mg \cdot L^{-1}$。

采用 Origin8.0 对表 4.1 中的实验数据按照 Monod 模型进行拟合，发现在利用内源磷的生长过程中，栅藻 LX1 的种群生物量最大增长速率 R_{max} 与初始 DTN 浓度的关系仍然符合 Monod 模型(相关系数 R^2 达到 0.86)。拟合所得的模型参数为：$R'_{max} = 0.026 g \cdot L^{-1} \cdot d^{-1}$，$K_s = 1.9 mg \cdot L^{-1}$。由式(4-2)及以上 Monod 模型参数，可以得到栅藻 LX1 利用内源磷生长时的氮限制 Monod 模型，如式(4-3)所示。

$$R_{max} = \frac{0.026S}{1.9 + S} \tag{4-3}$$

由式(4-3)可知，在一定的 DTN 浓度范围内，栅藻 LX1 利用内源磷的生长速率将随 DTN 浓度的上升而显著增大，因此，充足的外源 DTN 是栅藻 LX1 充分利用储存的内源磷进行生长的必要条件。

在藻细胞利用内源磷生长的过程中，其胞内磷含量不断下降，使得单位磷的实际生物质产量不断提高。在不同初始 DTN 浓度下，栅藻 LX1 的单位磷实际生物质产量随时间的变化如图 4.7 所示。由于各实验组培养基的初始总磷浓度相同，单位磷的实际生物质产量随时间的变化趋势与生物质干重的变化趋势类似。在培养的 0～4 天内，栅藻 LX1 将培养基中的 DTP 快速吸收，但其生物质干重的增长并不显著，各个实验组的单位磷生物质产量在 140～280$kg \cdot kg^{-1}$ 之间。在藻细胞进入利用内源磷的生长阶段后，随着初始 DTN 浓度的升高，单位磷的实际生物质产量得到了显著的提升。培养 30 天后，初始 DTN 浓度为 $5mg \cdot L^{-1}$、$10mg \cdot L^{-1}$、$25mg \cdot L^{-1}$、$50mg \cdot L^{-1}$ 的实验组单位磷实际生物质产量分别可以达到 $1470kg \cdot kg^{-1}$、$1540kg \cdot kg^{-1}$、$1780kg \cdot kg^{-1}$ 以及 $3000kg \cdot kg^{-1}$。

根据第 2 章的研究结果，为了保证较高的生长速率，藻细胞的内源磷含量 q_P 应达到最小细胞磷含量 Q_0 的 5～10 倍，而外源磷的投加剂量可由式(2-7)计算得到。本章的研究结果表明，栅藻 LX1 的吸收氮磷比可高达

100 以上，因此，为了使栅藻 LX1 充分利用内源磷进行生长，外源氮的投加剂量可按式(4-4)计算：

$$S_N = \alpha_N Q_0 X \tag{4-4}$$

式中，S_N为外源氮的投加剂量，mg·L^{-1}；

α_N为外源氮的投加系数，取值为 500～1000；

Q_0为藻细胞的最小磷含量(质量分数)；

X为培养体系中的藻类生物质干重，mg·L^{-1}。

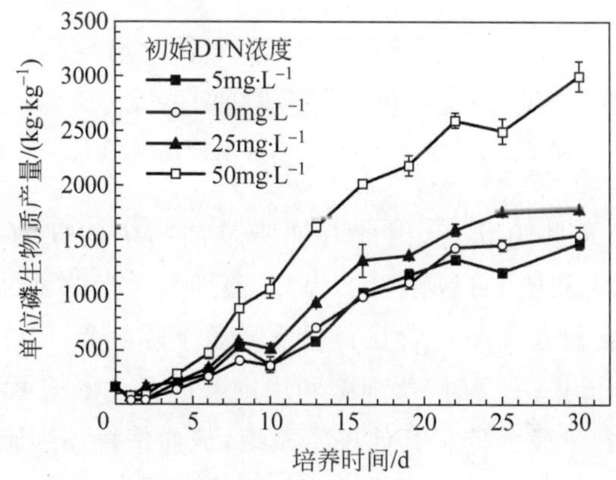

图 4.7　不同初始 DTN 浓度下单位磷的实际生物质产量随培养时间的变化

4.2.4　不同初始总氮浓度下藻细胞的油脂积累特性

栅藻 LX1 在不同初始 DTN 浓度下培养 30 天后的油脂积累情况如图 4.8 所示。随着初始 DTN 浓度的升高，藻类生物质中的油脂含量及油脂中的 TAGs 含量均呈现先下降后升高的趋势。当初始 DTN 浓度为 5mg·L^{-1}时，栅藻 LX1 的油脂及油脂中的 TAGs 含量分别高达 31.3%和 71.2%；在初始 DTN 浓度升高至 25mg·L^{-1}时，油脂及 TAGs 含量则下降至最低值，分别仅为 18.2%和 57.4%；而在初始 DTN 浓度进一步提高至 50mg·L^{-1}后，油脂及 TAGs 含量则分别升高至 31.7%和 64.1%。

营养胁迫是提高藻类生物质油脂含量的有效手段(Rodolfi et al.，2009；Sheehan et al.，1998)，前期的研究成果也已证实在较低的初始 DTN 或初始 DTP 浓度下，栅藻 LX1 的油脂含量及油脂中的 TAGs 含量都显著增加(李鑫，2011)。在初始 DTN 浓度为 5mg·L^{-1}的实验组中，藻细胞在培养的第 6 天就将培养基中的 DTN 和 DTP 完全吸收，此后一直处于氮饥

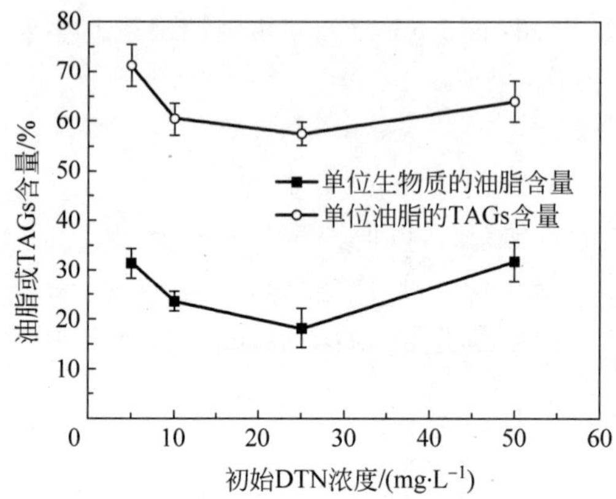

图 4.8 不同初始 DTN 浓度下培养 30 天后栅藻 LX1 的油脂积累情况

饿和磷饥饿的双重胁迫状态，因此其油脂及油脂中的 TAGs 含量相对较高；随着培养基中初始 DTN 浓度的提高，藻细胞所受的氮饥饿胁迫逐渐解除，细胞的油脂含量及 TAGs 含量都呈现显著下降趋势；当初始 DTN 浓度进一步提高至 50mg・L^{-1}时，藻细胞利用内源磷的生长过程得到了显著的促进，其内源磷含量显著低于其他各实验组，从而使得藻细胞受到强烈的磷饥饿胁迫，导致其油脂含量及油脂中 TAGs 含量显著升高。

栅藻 LX1 在不同初始 DTN 浓度下培养 30 天后的油脂及 TAGs 产量如图 4.9 所示。可以看出，虽然在初始 DTN 浓度为 5mg・L^{-1}的实验组中，藻细胞的油脂含量及油脂中的 TAGs 含量均是所有实验组中最高的，然而其油脂及 TAGs 的总产量却显著低于初始 DTN 浓度为 50mg・L^{-1}的实验组。

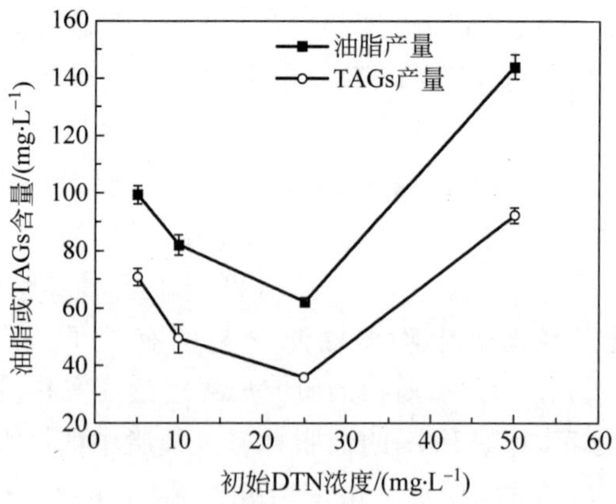

图 4.9 不同初始 DTN 浓度下培养 30 天后栅藻 LX1 的油脂和 TAGs 产量

以营养胁迫为主要手段促进藻细胞的油脂积累时，藻类生物质的最高油脂含量和单位体积培养液的最高油脂产量往往并不能在同一培养条件下获得(Sheehan et al.，1998；李鑫，2011)。这主要是因为在营养元素缺乏的环境胁迫下，藻细胞增殖停滞，但是单个藻细胞内的油脂合成量仍然维持较高水平，从而导致油脂在单个藻细胞中的大量积累，但藻类生物质的总产量相对较低。因此，单位藻类生物质油脂含量的升高往往并不能有效地提高油脂的总产量。

表 4.2 总结了初始 DTP 浓度为 0.2mg・L^{-1}时，不同初始 DTN 浓度下培养 30 天后栅藻 LX1 的生物质产量、单位磷实际生物质产量、油脂及 TAGs 的产量。可以看出，在一定的初始 DTP 投加量下，以较高的 DTN 浓度对栅藻 LX1 进行培养，能够有效促进其生长，获得较高的生物质产量及单位磷实际生物质产量，同时藻细胞的油脂及 TAGs 产量也显著高于其他实验组。

表 4.2　不同初始 DTN 浓度下培养 30 天后栅藻 LX1 的产量情况

初始 DTN 浓度 /(mg・L^{-1})	生物质产量 /(g・L^{-1})	单位磷实际生物质产量/(kg・kg^{-1})	油脂产量 /(mg・L^{-1})	TAGs 产量 /(mg・L^{-1})
5	0.32 ± 0.01	1470 ± 50	99 ± 3.2	71 ± 3.0
10	0.34 ± 0.02	1540 ± 80	82 ± 3.5	50 ± 5.0
25	0.35 ± 0.01	1780 ± 18	62 ± 1.4	36 ± 1.3
50	0.46 ± 0.02	3000 ± 140	144 ± 4.5	92 ± 2.7

4.3　初始总磷浓度及光照强度对单位磷实际生物质产量的影响

4.3.1　不同初始总磷及光照强度下藻细胞对溶解性氮磷的吸收情况

不同初始 DTP 浓度下，栅藻 LX1 对培养基中 DTN 的吸收情况如图 4.10 所示。在培养初期的 0～9 天内，各实验组藻细胞对 DTN 的吸收并无显著差异，然而随培养时间的延长，初始 DTP 浓度更高的实验组藻细胞更能充分吸收培养基中的 DTN。培养 42 天后，初始 DTP 浓度为 0.05mg・L^{-1}、0.1mg・L^{-1}、0.2mg・L^{-1}和 0.5mg・L^{-1}的实验组培养基中，剩余的 DTN

浓度分别为 32.2mg·L^{-1}、30.2mg·L^{-1}、20.6mg·L^{-1}和 1.8mg·L^{-1}。由此可知，在各个实验组中，初始 DTN 均较为充足，藻细胞在生长过程中并未受到氮饥饿的胁迫。

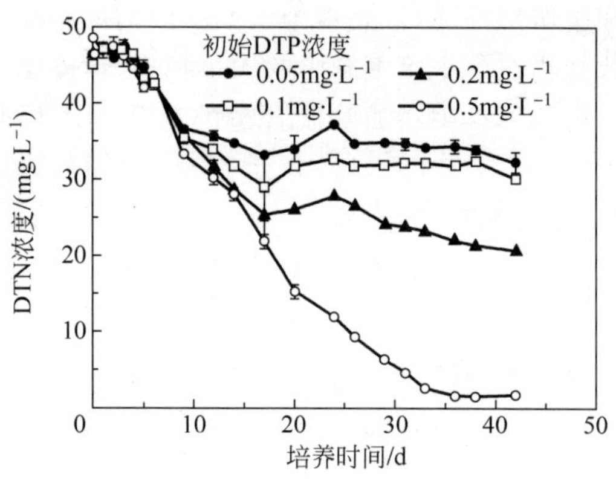

图 4.10 不同初始 DTP 浓度下栅藻 LX1 对 DTN 的吸收情况

不同初始 DTP 浓度下，栅藻 LX1 对培养基中 DTP 的吸收情况如图 4.11 所示。虽然各实验组的初始 DTP 浓度差异较大，但藻细胞均能在培养初期的 4～6 天内将培养基中的 DTP 完全吸收，随即进入利用内源磷的生长状态。由于培养基中提供的 DTN 较为充足，因此，藻细胞在整个生长过程中仅受到磷饥饿的胁迫作用。

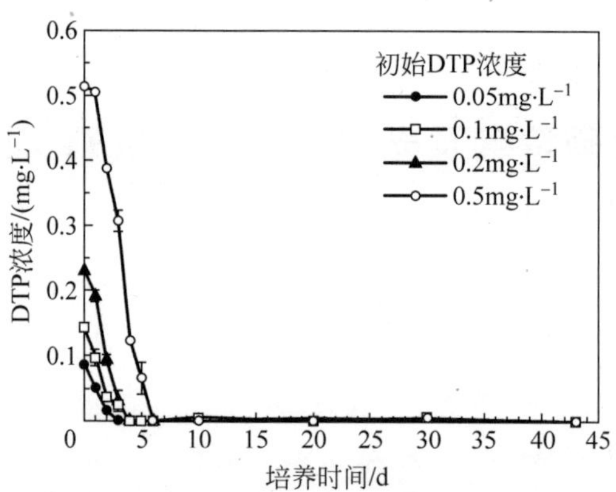

图 4.11 不同初始 DTP 浓度下栅藻 LX1 对 DTP 的吸收情况

4.3.2 不同初始总磷及光照强度下藻细胞利用内源磷的生长特性

不同初始 DTP 及光照强度下栅藻 LX1 的生物质干重随培养时间的变化如图 4.12 所示。在培养的前 6 天内，各实验组的生物质干重仅有少量增长，这是将藻细胞由锥形瓶接种至柱式反应器而导致的生长迟滞。随后，藻类生物质开始迅速增长，并在培养的第 12 天左右进入第一个稳定生长期，初始 DTP 浓度为 0.05mg·L^{-1}、0.1mg·L^{-1}、0.2mg·L^{-1}和 0.5mg·L^{-1}的实验组中，藻类生物质干重分别达到 0.13g·L^{-1}、0.19g·L^{-1}、0.21g·L^{-1}和 0.24g·L^{-1}。

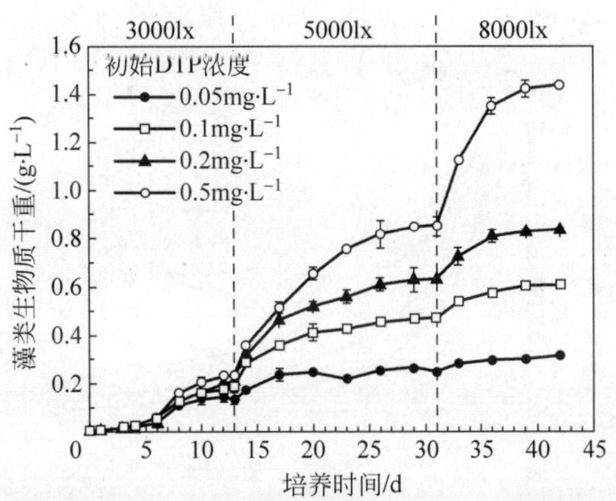

图 4.12 不同初始 DTP 浓度及光照强度下栅藻 LX1 的生物质干重随培养时间的变化

为了充分考察藻细胞利用内源磷生长的潜力，在各实验组藻细胞均进入稳定生长期后，将光照强度由初始的 3000lx 提高至 5000lx。藻类生物质再次出现显著的增长，并且随着初始 DTP 浓度的升高，藻类生物质的增长得到了显著的促进。培养约 30 天后，各实验组藻细胞再次进入稳定生长期，此时再将光照强度由 5000lx 提高至 8000lx，进一步促进了藻类生物质的增长。最终，培养 42 天后，初始 DTP 浓度为 0.05mg·L^{-1}、0.1mg·L^{-1}、0.2mg·L^{-1}和 0.5mg·L^{-1}的实验组中，藻类生物质干重分别可达到 0.32g·L^{-1}、0.61g·L^{-1}、0.84g·L^{-1}和 1.44g·L^{-1}。

上述结果表明，在藻细胞的内源磷含量下降至一定程度之前，藻类的生长停滞主要是由于光照强度不足，而非外源磷浓度过低。按照 Droop 模型，在藻细胞的内源磷含量下降至最小细胞磷含量 Q_0 之前，藻细胞仍然具备利用内源磷进行生长的潜力。因此，提供充足的光照强度是充分发挥藻细胞利用内源磷生长潜力的必要条件。

4.3.3 不同初始总磷及光照强度下单位磷生物质产量的变化

不同初始 DTP 浓度下栅藻 LX1 细胞内源磷含量随培养时间的变化如图 4.13 所示。随着藻类生物质在外源 DTP 耗尽后的显著增长，各个实验组藻细胞的内源磷含量均随培养时间的延长而显著下降。同时，外源 DTP 的浓度也对内源磷含量造成了显著影响。外源 DTP 浓度较高的实验组中，藻细胞的内源磷含量在整个培养周期内均显著高于外源 DTP 浓度较低的实验组。培养 42 天后，初始 DTP 浓度为 0.05mg・L^{-1}、0.1mg・L^{-1}、0.2mg・L^{-1}和 0.5mg・L^{-1}的实验组中，藻细胞的内源磷含量分别下降至 0.025%，0.029%，0.033%和 0.041%。

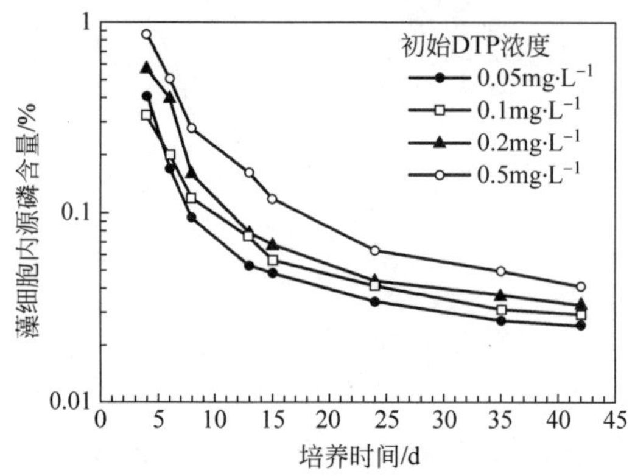

图 4.13 不同初始 DTP 浓度下栅藻 LX1 细胞内源磷含量随培养时间的变化

在第 3 章的研究中，通过将栅藻 LX1 生长的实验数据与 Droop 模型进行拟合，得到了栅藻 LX1 的细胞最小磷含量 Q_0，为 0.016%。这一数值代表了维持栅藻 LX1 细胞生命活动所需的最小磷含量，是理论计算的结果，仅能在不受其他任何条件限制的理想环境下获得。在实际的培养体系中，当藻类生物质的浓度过高时，严重的光衰减将导致藻细胞所受的光照不足，从而难以完全发挥其利用内源磷生长的潜力，细胞的内源磷含量也很难降低至 Q_0。

在第 3 章的研究中，采用的光照强度为 5000lx，培养基的初始 DTN 和 DTP 浓度分别为 30mg・L^{-1}和 0.1mg・L^{-1}，培养 16 天后栅藻 LX1 的内源磷含量降低至约 0.028%。而在本章的研究中，为了充分发挥藻细胞利用内源磷生长的能力，两次增大了光照强度，虽然最终并未能使得藻细胞的内源磷含量降低至 Q_0，但所得的结果已经达到甚至超过前期研究的水平。

随着藻细胞内源磷含量的降低，单位磷实际生物质产量的不断升高。不同初始 DTP 及光照强度下，栅藻 LX1 的单位磷实际生物质产量随培养时间的变化如图 4.14 所示。在同一 DTP 浓度下，随着光照强度的升高，栅藻 LX1 生长所能达到的单位磷实际生物质产量不断升高。以初始 DTP 浓度为 0.5mg・L^{-1} 的实验组为例，在 3000lx 的光照强度下，培养 13 天后，栅藻 LX1 的生长进入稳定期，相应的单位磷实际生物质产量仅为 450kg・kg^{-1}；在光照强度升高至 5000lx 后，藻细胞再次生长，培养至 30 天时，单位磷实际生物质产量也提高至 1660kg・kg^{-1}；而当光照强度由 5000lx 提高至 8000lx 后，最终单位磷的实际生物质产量上升至约 2800kg・kg^{-1}。对比图 4.12 和图 4.14 可知，光照强度的提高既能促进藻类生物质的增长，从而增加生物质的总产量，同时又能提高单位磷的实际生物质产量。

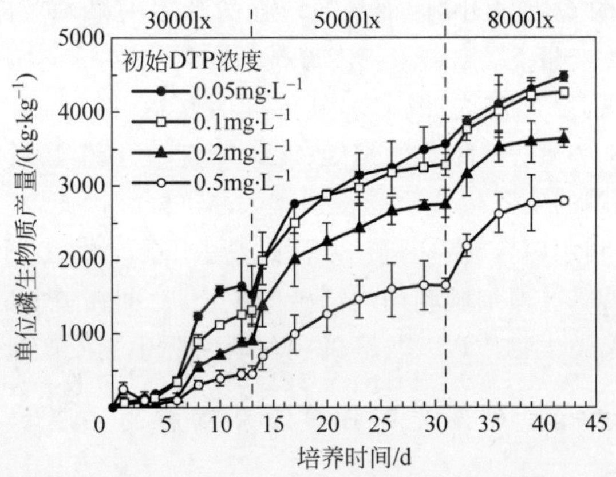

图 4.14　不同初始 DTP 浓度及光照强度下单位磷的实际生物质产量随培养时间的变化

然而，初始 DTP 浓度的升高却导致了单位磷实际生物质产量的显著下降。培养 42 天后，初始 DTP 浓度为 0.05mg・L^{-1}、0.1mg・L^{-1}、0.2mg・L^{-1} 和 0.5mg・L^{-1} 的实验组中，单位磷的实际生物质产量分别为 4470kg・kg^{-1}、4250kg・kg^{-1}、3650kg・kg^{-1} 和 2800kg・kg^{-1}。这与初始 DTP 浓度对藻类生物质干重的影响正好相反。导致这一现象的主要原因是较高生物质浓度导致的光照衰减。随着 DTP 浓度的升高，同一光照强度下的生物质干重显著增加，导致了更加严重的光照衰减，使得单个藻细胞接收的光能更少，从而无法充分利用储存的内源磷进行生长。

在本章的研究中，初始 DTP 浓度为 0.5mg·L^{-1}的实验组中，栅藻 LX1 的单位磷实际生物质产量在 3000lx 的光照强度下即能达到 450kg·kg^{-1}。这一结果远高于第 2 章的研究中所达到的单位磷生物质产量（约为 160kg·kg^{-1}）。造成这种差异的主要原因是培养条件的不同。在第 2 章的研究中，所用的光照强度仅为 2000lx，而初始 DTP 浓度则高达 5mg·L^{-1}，藻细胞所受的光照限制非常严重，因此储存于藻细胞中的内源磷仅能得到较低程度的利用。在第 3 章的研究中，所用的光照强度达到 5000lx，相应的单位磷实际生物质产量可以达到 3850kg·kg^{-1}。而在本章的研究中，初始 DTP 浓度为 0.05mg·L^{-1}的实验组，所用的光照强度由 5000lx 提高至 8000lx，栅藻 LX1 的单位磷实际生物质产量则进一步提高至 4470kg·kg^{-1}。

第 2 章的研究中，通过生命周期分析提出了单位磷生物质产量 300kg·kg^{-1}的技术目标。根据本章的研究结果，在栅藻 LX1 的培养过程中，通过提供适宜的培养条件，这一技术目标是完全可以实现的。这主要是由于栅藻 LX1 的 Q_0 值很小，因而具备较强的利用内源磷生长的潜力，其单位磷理论生物质产量 $Y_{potential}$ 高达 6100kg·kg^{-1}。在一定的 DTP 浓度下，提供充足的外源 DTN 和光照强度，能够同时获得较高的生物质产量及单位磷实际生物质产量；而随着 DTP 浓度的升高，虽然生物质的总产量显著增加，但是单位磷的实际生物质产量则将大幅下降。因此，在实际的藻类培养中，为了充分利用磷资源，应避免使用过高的 DTP 浓度，同时提供充足的 DTN 和光照，以促进藻细胞利用内源磷的生长，从而在较低的 DTP 投加量下获得更多的藻类生物质以及更高的单位磷实际生物质产量。

4.3.4 不同初始总磷及光照强度下藻细胞的油脂积累特性

不同初始 DTP 浓度下，培养 42 天后栅藻 LX1 的油脂积累情况如图 4.15 所示。当初始 DTP 浓度在 0.05～0.5mg·L^{-1}范围内时，栅藻 LX1 单位生物质的油脂含量为 18%～35%，而单位油脂的 TAGs 含量则在 70%～84%之间。利用 SPSS 软件对结果进行显著性检验，发现随着初始 DTP 浓度由 0.5mg·L^{-1}降低至 0.05mg·L^{-1}，栅藻 LX1 的油脂含量及 TAGs 含量显著升高（$p<0.05$，one-way ANOVA test），而初始 DTP 浓度为 0.1mg·L^{-1}和 0.05mg·L^{-1}的实验组，藻类生物质的油脂含量及 TAGs 含量间的差异并不显著（$p>0.05$，independent samples t-test）。

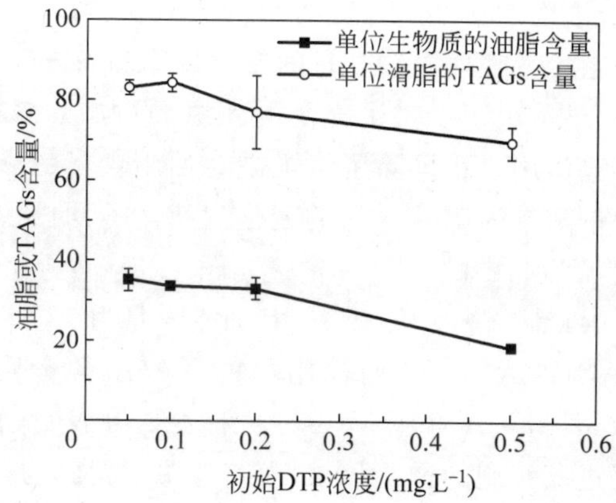

图 4.15　不同初始 DTP 浓度下培养 42 天后栅藻 LX1 的油脂积累情况

表 4.3 总结了不同初始 DTP 浓度下栅藻 LX1 的油脂平均生产速率、单位磷的油脂及 TAGs 产量。初始 DTP 浓度为 0.05mg・L^{-1}、0.1mg・L^{-1}、0.2mg・L^{-1}和 0.5mg・L^{-1}的实验组中，栅藻 LX1 油脂的平均生产速率可分别达到 2.64mg・L^{-1}・d^{-1}、4.86mg・L^{-1}・d^{-1}、6.60mg・L^{-1}・d^{-1}和 6.39mg・L^{-1}・d^{-1}。栅藻 LX1 的油脂含量达到最高时，其油脂的生产速率并未达到最大值。油脂的平均生产速率主要受到藻类生物质的生产速率的控制。而在初始 DTP 浓度为 0.05mg・L^{-1}的实验组中，单位磷的油脂产量及 TAGs 产量显著高于其他实验组，分别可达到 2220kg・kg^{-1}和 1840kg・kg^{-1}。

表 4.3　不同初始 DTP 下培养 42 天后栅藻 LX1 的产量情况

初始 DTP 浓度/(mg・L^{-1})	0.05	0.1	0.2	0.5
油脂平均生产速率/(mg・L^{-1}・d^{-1})	2.64	4.86	6.60	6.39
单位磷油脂产量/(kg・kg^{-1})	2220	2040	1380	540
单位磷 TAGs 产量/(kg・kg^{-1})	1840	1720	1070	370

外源磷的缺乏能够有效促进藻细胞的油脂积累，这一现象已经被众多学者研究和报道。在对栅藻 LX1 的前期研究中，Li 等人(2010a)发现随着培养基中初始 DTP 浓度由 2mg・L^{-1}下降至 0.1mg・L^{-1}，藻类生物质的油脂含量由 23%升高至约 50%。Khozin-Goldberg 等人(2006)在对蒜头藻的研究中报道了类似的现象。在外源磷耗尽的情况下，蒜头藻的油脂含量显著上升，同时油脂中的 TAGs 含量由 6.5%升高至 39.3%。在目前的研

究中，初始营养盐浓度对藻细胞油脂含量的影响规律已经得到了相对充分的考察，然而，油脂含量随内源磷含量的变化规律却尚未见报道。

在本节的研究中，由于提供了充足的外源 DTN，藻细胞的生长过程仅受到磷饥饿的胁迫作用。在排除了氮饥饿对油脂含量的影响后，可以考察藻细胞的油脂含量随其内源磷含量的变化规律。不同内源磷含量下，栅藻 LX1 的油脂含量及油脂中的 TAGs 含量如图 4.16(a)所示。随着藻细胞的内源磷含量由 0.041%下降至 0.025%，其油脂含量由 18%升高至 35%($p<0.05$，one-way ANOVA test)，而油脂中的 TAGs 含量则由 70%升高至 84%($p<0.05$，one-way ANOVA test)。上述结果表明，营养元素的缺乏确实能够有效促进藻细胞的油脂积累，而与外源的营养物质浓度相比，细胞的内源磷含量是能够更加直接地显示营养缺乏的指标。

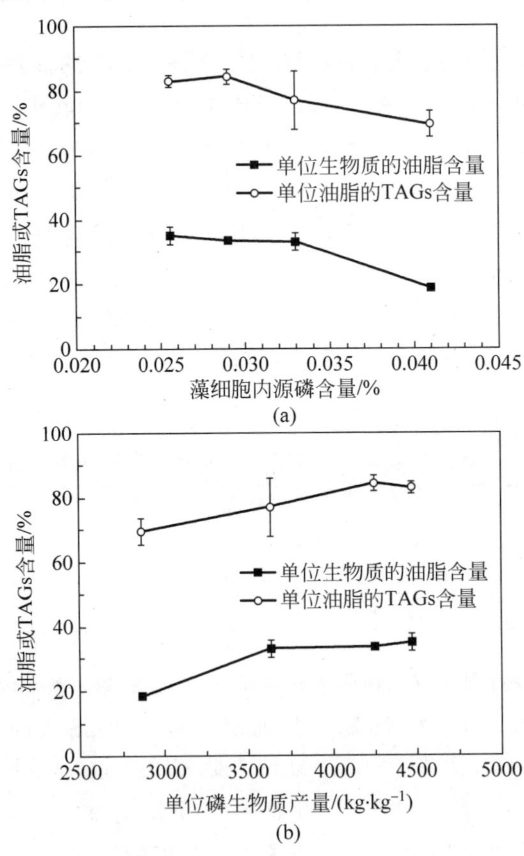

图 4.16 栅藻 LX1 的油脂和 TAGs 含量与内源磷含量及单位磷生物质产量的关系

随着内源磷含量的下降，藻细胞的油脂及 TAGs 含量均显著升高，同时，单位磷的实际生物质产量也得到了相应的提高。因此，在本章所采用的培养条件下，藻细胞的油脂及 TAGs 含量与单位磷的实际生物质产量之间呈正相关关系，如图 4.16(b)所示。

4.4　藻细胞利用内源磷生长影响因素综合分析

4.4.1　藻细胞利用内源磷生长的综合模型

在对栅藻 LX1 的前期研究中，李鑫(2011)将 Monod 模型与 Steele 模型进行耦合，从而获得了藻细胞的比生长速率与氮磷营养及光照强度的综合关系，如式(4-5)所示：

$$\mu = \mu_{\max(\mathrm{N,P,I})} \frac{S_{\mathrm{N}}}{K_{\mathrm{N}} + S_{\mathrm{N}}} \frac{S_{\mathrm{P}}}{K_{\mathrm{P}} + S_{\mathrm{P}}} \frac{I}{I_{\mathrm{opt}}} \mathrm{e}^{1-\frac{I}{I_{\mathrm{opt}}}} \tag{4-5}$$

式中，μ 为外源氮、磷浓度分别为 S_{N} 和 S_{P}，光照强度为 I 时藻细胞比生长速率，d^{-1}；

$\mu_{\max(\mathrm{N,P,I})}$ 为外源氮、磷浓度达到饱和，且光照强度为最佳光照强度时藻细胞的最大比生长速率，d^{-1}；

S_{N}、S_{P} 分别为外源氮、磷浓度，$\mathrm{mg \cdot L^{-1}}$；

K_{N}、K_{P} 为比生长速率的半饱和常数，即比生长速率为最大值一半时的外源氮、磷浓度，$\mathrm{mg \cdot L^{-1}}$；

I 为光照强度，lx；

I_{opt} 为最佳光照强度，lx。

本研究发现栅藻 LX1 具备较强的利用内源磷进行生长的能力，即使在外源磷被完全消耗($S_{\mathrm{P}}=0$)的情况下，该藻种仍然能够保持较高的生长速率。因此，栅藻 LX1 的比生长速率与磷的关系并不能用 Mond 模型进行描述，而需要采用 Droop 模型进行描述。

当藻细胞的生长受到氮磷营养的综合影响时，其比生长速率 μ 与外源氮、磷浓度的综合关系为：

$$\mu = \mu_{\max(\mathrm{N,P})} \frac{S_{\mathrm{N}}}{K_{\mathrm{N}} + S_{\mathrm{N}}} \left(1 - \frac{Q_0}{q_{\mathrm{P}}}\right) \tag{4-6}$$

式中，μ 为外源氮浓度为 S_{N}，内源磷含量为 q_{P} 时藻细胞的比生长速率，d^{-1}；

$\mu_{\max(\mathrm{N,P})}$ 为氮磷营养达到饱和时藻细胞的最大比生长速率，d^{-1}；

S_{N} 为外源氮的浓度，$\mathrm{mg \cdot L^{-1}}$；

K_N为比生长速率的半饱和常数，mg・L^{-1}；

q_P 为藻细胞的内源磷含量；

Q_0为藻细胞的最小磷含量。

通过将前期研究中积累的实验数据与式(4-6)进行拟合，可以获得相关的模型参数。前期研究中，培养栅藻 LX1 所用的氮磷营养条件如表 4.4 所示，所用的光照强度为 1000lx。

表 4.4 前期研究所用的氮磷营养条件 单位：mg・L^{-1}

水样	A	B	C	D	E	F	G	H	I
TN	14.0	25.3	24.1	25.1	24.8	14.0	12.6	7.2	20.2
TP	0.57	0.94	0.91	1.93	1.87	0.54	0.21	0.04	0.73

在不同的营养条件下，式(4-6)与实验数据拟合的结果如表 4.5 所示。三个模型参数的变化范围如下：$\mu_{max(N,P)}$ 为 0.14～0.62d^{-1}，K_N为 4.5～13.3mg・L^{-1}，Q_0为 0.015%～0.023%。在李鑫的研究中(2011)，得到的K_N约为 12.1mg・L^{-1}；在本论文的第 3 章中，得到的 Q_0为 0.016%。上述结果均在表 4.5 给出的参数变化范围之内。

表 4.5 氮磷综合模型拟合的结果

水样	相关系数			
	$\mu_{max(N,P)}$ /d^{-1}	K_N/(mg・L^{-1})	Q_0/%	R^2
A	0.46	7.8	0.018	0.99
B	0.23	9.8	0.023	0.88
C	0.25	10.2	0.018	0.86
D	0.14	13.3	0.021	0.90
E	0.14	12.7	0.022	0.94
F	0.41	6.2	0.017	0.91
G	0.58	9.5	0.016	0.91
H	0.62	4.5	0.015	0.64
I	0.20	11.3	0.022	0.74
平均值	0.34±0.19	9.5±2.9	0.019±0.003	—

当光照强度为 1000lx 时，在不同的营养条件下，三个参数的平均值如下：$\mu_{max(N,P)}$=(0.34±0.19)d^{-1}，K_N=(9.5±2.9)mg・L^{-1}，Q_0=(0.019±0.003)%。将平均值代入式(4-7)，可得：

$$\mu = 0.34\frac{S_N}{9.5 + S_N}\left(1 - \frac{0.019}{q_P}\right) \tag{4-7}$$

由李鑫的研究可知(2011)，栅藻 LX1 的比生长速率 μ 与光照强度 I 的关系可由 Steele 模型进行描述：

$$\mu = \mu_{max(I)}\frac{I}{5227}e^{1-\frac{I}{5227}} \tag{4-8}$$

式中，μ 为光照强度为 I 时藻细胞的比生长速率，d^{-1}；

$\mu_{max(I)}$ 为氮、磷浓度达到饱和，且光照强度为最佳光照强度(5227lx)时藻细胞的最大比生长速率，d^{-1}；

I 为光照强度，lx。

结合式(4-7)和式(4-8)，描述栅藻 LX1 比生长速率 μ 与氮磷营养和光照强度关系的综合生长模型为：

$$\mu = \mu_{max(N,P,I)}\frac{S_N}{S_N + 9.5}\left(1 - \frac{0.019}{q_P}\right)\frac{I}{5227}e^{1-\frac{I}{5227}} \tag{4-9}$$

由式(4-7)和式(4-9)可知，在氮磷营养达到饱和、光照强度为 1000lx 的条件下，栅藻 LX1 的比生长速率为：

$$\mu = \mu_{max(N,P,I)}\frac{1000}{5227}e^{1-\frac{1000}{5227}} = 0.34 \tag{4-10}$$

由式(4-10)可求得 $\mu_{max(N,P,I)}$ 为 $0.79d^{-1}$，代入式(4-9)，可得栅藻 LX1 比生长速率 μ 与氮磷营养和光照强度的综合模型为：

$$\mu = 0.79\frac{S_N}{S_N + 9.5}\left(1 - \frac{0.019}{q_P}\right)\frac{I}{5227}e^{1-\frac{I}{5227}} \tag{4-11}$$

由式(4-11)可知，外源 DTN 浓度和光照强度将影响相同的内源磷含量 q_P 下的最大比生长速率 μ_m，从而影响藻细胞利用内源磷的生长速率。因此，提供充足的 DTN 和光照是栅藻 LX1 充分利用内源磷进行生长的必要条件。

4.4.2　实现高生物质产量及高油脂含量的培养策略

在藻类生物柴油的生产过程中，有两个重要参数：(1)生物质产量，代表了藻类培养过程能够获得生物质总量；(2)生物质的油脂含量，代表了藻类生物质作为油脂原料的使用价值。生物质产量与油脂含量的乘积即为油脂的总产量。最理想的藻类培养过程是通过培养条件的控制，同时获得较高的生物质产量及生物质油脂含量，从而大幅提高油脂的总产量。然而，在当前的藻类生物柴油生产过程中，通常需要通过环境胁迫促进藻细胞的油脂积累，而这将导致藻类生物质产量的降低，因此，油脂积累和提高生物质产量往往存在矛盾(Sheehan et al.,1998；李鑫,2011)。

在目前的藻类生物质能源研究中,单位磷生物质产量并未被当做一个重要参数进行考虑,其与油脂含量之间的关系尚不清楚(如图4.17所示)。然而,为了保证藻类生物质能源的可持续生产,提高单位磷生物质产量十分必要。

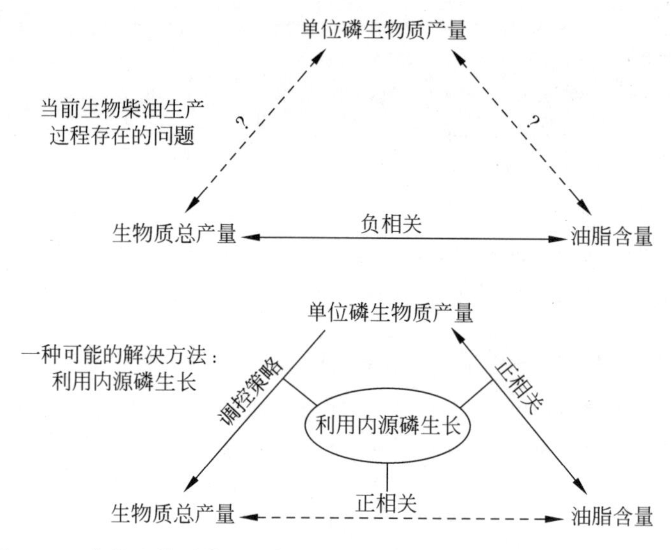

图4.17　藻类生物质产量、单位磷生物质产量及油脂含量之间的关系

在本章的研究中,实验证明单位磷的实际生物质产量与藻类生物质的油脂含量呈正相关关系。这一结果为同时实现较高的生物质产量及较高的油脂含量提供了可能。在一定的DTP投加量下,通过提供充足的DTN和光照强度,可以有效提高单位磷的实际生物质产量,从而提高藻类生物质的总产量。同时,由于藻类生物质的油脂含量与单位磷实际生物质产量呈正比,培养所得的藻类生物质同样具备较高的油脂含量。因此,当DTP投加量一定时,通过促进藻细胞利用内源磷的生长,提高单位磷的实际生物质产量,一方面可获得较高的生物质总产量,另一方面生物质的油脂含量也相对较高,从而解决了两者的矛盾(如图4.17所示)。

4.5　本章小结

(1) 在本章研究条件下,当DTN浓度在5～50mg·L^{-1}范围内时,相同培养时间内栅藻LX1的单位磷实际生物质产量随DTN浓度的升高而显著增大。为了保证栅藻 LX1 充分利用内源磷进行生长，外源氮磷的投加比例应控制在 100∶1 左右。

(2) 在利用内源磷生长的过程中，栅藻 LX1 种群生物量最大增长速率 R_{max} 与初始 DTN 浓度的关系符合 Monod 模型。

(3) 在较低的初始 DTN 浓度下，栅藻 LX1 受到氮磷饥饿的双重胁迫，细胞的油脂含量及油脂中的 TAGs 含量均相对较高，然而，由于生物质总量较低，因此油脂及 TAGs 的总产量并未达到最大；而在较高的初始 DTN 浓度下，栅藻 LX1 可充分利用内源磷进行生长，同时获得较高的生物质总产量、油脂含量及 TAGs 含量，因此，其油脂及 TAGs 的总产量均显著高于其他实验组。

(4) 随着初始 DTP 浓度的升高，栅藻 LX1 的生物质总量显著升高，导致了严重的光照衰减，单位磷实际生物质产量显著降低。因此，充足的光照是栅藻 LX1 充分利用内源磷进行生长的必要条件。

(5) 在较低的初始 DTP 浓度下，栅藻 LX1 可充分利用内源磷进行生长，从而同时获得较高的单位磷实际生物质产量，以及较高的油脂和 TAGs 含量。在初始 DTP 浓度为 $0.05mg \cdot L^{-1}$ 的条件下，培养 42 天后，栅藻 LX1 的单位磷实际生物质产量、油脂含量及油脂中的 TAGs 含量分别达到 $4470kg \cdot kg^{-1}$、35%和 84%。

(6) 为了使栅藻 LX1 充分利用内源磷生长，外源磷的投加比例不宜过高，可控制在 Q_0 的 5～10 倍，外源氮磷的投加比例则为 100∶1，同时应提供充足的光照。

第5章　藻细胞利用内源磷生长的生理生化特性变化

藻细胞利用内源磷生长的过程，是在外源溶解性磷耗尽的情况下，利用细胞中存储的磷进行增殖生长。在该过程中，藻细胞的内源磷含量不断下降，相应的单位磷实际生物质产量不断上升，藻细胞物质组成发生剧烈变化，将导致其多种生理生化特性的显著变化。

Borchardt(1994)的研究表明，在利用内源磷生长的过程中，河生水绵的光合作用放氧活性随其细胞内源磷含量的下降而逐渐降低。Lehman(1976)则发现二角盘星藻在利用内源磷生长过程中，细胞尺寸逐渐增大，并且单个细胞的碳含量也逐渐升高。在藻细胞的能源物质含量方面，Khozin-Goldberg等(2006)和Li等(2010a)的研究均证明了在外源磷缺乏的条件下进行培养，可以有效提高藻细胞的油脂含量及油脂中的TAGs含量。

通过第2章至第4章的研究，明确了藻细胞利用内源磷生长的潜力及其在藻类大规模培养中的应用价值，掌握了培养条件对单位磷实际生物质产量的影响规律。然而，表观的生物质总产量和单位磷的生物质产量并不能完全反映藻细胞的生长状态。对于藻细胞生理生化状态的系统考察，将有助于调控其利用内源磷的生长过程。在本章中，将以栅藻LX1为研究对象，系统考察其在利用内源磷生长的过程中，细胞光合作用活性、细胞形态结构以及物质组成等生理生化特性的变化。

5.1　材料与方法

5.1.1　材料

1. 藻种

同4.1.1节。

2. 培养基

以 BG11 培养基为基础，调整其氮磷浓度，其余成分同普通的 BG11 培养基，氮源和磷源分别为 $NaNO_3$ 和 $K_2HPO_4 \cdot 3H_2O$。

按照第 4 章的研究结果，藻细胞吸收外源氮磷的极限氮磷比可以高达 100～110，因此，本章研究所用培养基的氮磷比设为 150，从而保证外源氮充足，使得藻细胞能够充分利用内源磷进行生长。

本章的研究共设置贫、富营养条件两个实验组，贫营养条件培养基的初始 DTN 和 DTP 浓度分别为 $30mg \cdot L^{-1}$ 和 $0.2mg \cdot L^{-1}$，富营养条件培养基的初始 DTN 和 DTP 浓度分别为 $300mg \cdot L^{-1}$ 和 $2mg \cdot L^{-1}$。

3. 主要仪器设备

傅里叶红外光谱仪（PerkinElmer, Inc.），液相氧电极（Hansatech Ltd.，Chlorolab 2），Imhoff 沉降管（VITLAB），其余同 4.1.1 节。

5.1.2　方法

1. 藻类培养

同 4.1.2 节。

2. 藻类生长测定

同 3.1.2 节。

3. 藻类生长动力学分析

同 3.1.2 节。

4. 水质指标测定

同 2.1.2 节。

5. 藻类生物质油脂含量测定

同 3.1.2 节。

6. 单位磷实际生物质产量的计算

同 4.1.2 节。

7. 藻类生物质叶绿素含量测定

取 40mL 藻液离心(10 000r·$\min^{-1}$×10min,4℃),弃去上清液,加入 2mL 体积分数为 80%冰丙酮中,置于 4℃黑暗条件下约 1h,使丙酮充分溶解叶绿素。之后利用超声破碎藻细胞,再将细胞浆液离心(10 000r·$\min^{-1}$×10min,4℃),取离心后的上清液用 80%冰丙酮定容至 4mL。测定样品在 645nm 及 663nm 处的吸光度值,再按照式(5-1)计算叶绿素的含量:

$$\text{Chl-a} = \frac{(12.7 \times \text{ABS}_{663} - 2.69 \times \text{ABS}_{645}) \times 4}{40} \tag{5-1}$$

式中,Chl-a 为叶绿素浓度,μg·mL^{-1};

ABS_{663} 为样品在 663nm 处的吸光度值;

ABS_{645} 为样品在 645nm 处的吸光度值。

8. 藻类生物质光合放氧活性测定

利用液相氧电极对处于不同生长时期的藻类生物质在不同光照强度下的光合放氧速率进行测定,表征其光合作用活性。测定温度同培养温度(25℃)。利用所得结果绘制单位质量叶绿素放氧速率与光照强度的关系曲线(Photosynthetic oxygen elution rate-Illumination intensity,简称 *P-I* 曲线),如图 5.1 所示。其中光照强度按光量子通量密度(I,μmol·m^{-2}·s^{-1})来计算。

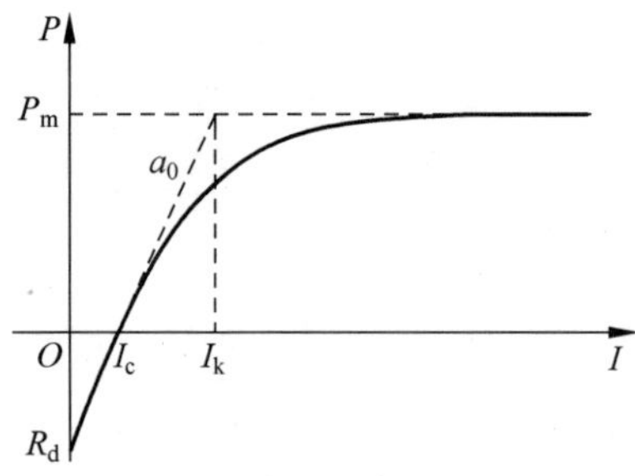

图 5.1 经典 *P-I* 曲线示意图(引用自于茵,2012)

再根据 Jassby 和 Platt 的经典 *P-I* 曲线模型对所得数据进行非线性拟合(Henley,1993),如式(5-2)所示。

$$P = P_m \tanh \frac{a_0 I}{P_m} + R_d \tag{5-2}$$

式中，I 为光量子通量密度，$\mu mol \cdot m^{-2} \cdot s^{-1}$；

P 为单位质量叶绿素光合放氧速率，$\mu mol \cdot mg^{-1} \cdot min^{-1}$；

P_m 为光饱和时的单位质量叶绿素光合放氧速率，$\mu mol \cdot mg^{-1} \cdot min^{-1}$；

a_0 为光合作用在光限制部分的初始斜率，$10^{-3} \mu mol \cdot m^2 \cdot mg^{-1} \cdot \mu mol^{-1}$，可表示表观光合作用效率；

R_d 为暗呼吸速率，$\mu mol \cdot mg^{-1} \cdot min^{-1}$。

通过将实验数据与式(5-2)进行非线性拟合，可以得到模型参数 P_m、a_0 和 R_d。再分别根据式(5-3)和式(5-4)可计算得到藻类生物质的光饱和点 I_k 和光补偿点 I_c：

$$I_k = \frac{P_m}{a_0} \tag{5-3}$$

$$I_c = \frac{R_d}{a_0} \tag{5-4}$$

式中，I_k 为光饱和点，$\mu mol \cdot m^{-2} \cdot s^{-1}$，指在光照强度上升至某一数值后，光合放氧速率不再继续提高时的光照强度；

I_c 为光补偿点，$\mu mol \cdot m^{-2} \cdot s^{-1}$，指藻类生物质光合放氧速率与暗呼吸耗氧速率相等时的光照强度。

其余参数的物理意义同式(5-2)。

9. 藻细胞尺寸测定

利用目测微尺对 Leica 荧光显微镜自带的长度测量软件进行标定。在对藻细胞进行计数时，随机选取 30～50 个藻细胞利用 Leica 软件对其长宽进行测量。

10. 单个藻细胞重量的测定

根据藻密度及藻类生物质干重的测定结果，单个藻细胞的重量可按式(5-5)进行计算：

$$x_0 = 10^6 \frac{X}{N} \tag{5-5}$$

式中，x_0 为单个藻细胞的重量，pg；

X 为藻类生物质干重，$mg \cdot L^{-1}$；

N 为藻细胞种群密度，mL^{-1}。

11. 单个藻细胞密度的计算

根据藻细胞的长度和宽度可以按照椭球的体积公式估算其体积，如式(5-6)所示：

$$V = \frac{4}{3}\pi LW^2 \tag{5-6}$$

式中，V 为藻细胞的体积，μm^3；

L 为藻细胞的长度，μm；

W 为藻细胞的宽度，μm。

得到藻细胞体积后，按照密度的定义，可由式(5-7)计算单个藻细胞的密度：

$$\rho = \frac{x_0}{V} \tag{5-7}$$

式中，ρ 为单个藻细胞的密度，$pg \cdot \mu m^{-3}$；

x_0 为单个藻细胞的重量，pg；

V 为藻细胞的体积，μm^3。

12. 藻类生物质沉降性能测定

取 200mL 藻液于 Imhoff 沉降管中静置沉降分层 60min，弃去上层清液，利用滤膜法测定沉降管底部可沉降部分的重量，再按照式(5-8)计算藻类生物质的沉降率(Julia，2011)。

$$S = \frac{X_S/0.2}{X} \times 100\% \tag{5-8}$$

式中，S 为藻细胞的沉降率，即藻类生物质中可沉降部分占生物质总量的比例；

X 为藻类生物质干重，$g \cdot L^{-1}$；

X_S 为藻类生物质中可沉降部分的重量，g。

13. 藻类生物质油脂含量及 TAGs 含量测定

同 3.1.2 节。

14. 藻类生物质油脂、糖类、蛋白质相对含量测定

取 150mL 藻液(需保证生物质干重在 10mg 以上，故生长初期藻密度较小时取 200mL)，离心($10\,000r \cdot min^{-1} \times 10min$，4℃)，弃去上清液，将藻

细胞沉淀冷冻干燥(20Pa,−45℃,24h)。将所得藻细胞研磨成粉,取约3mg藻粉与适量KBr混合,研磨均匀后压片,利用傅里叶变换红外光谱仪测定样品在4000~400cm^{-1}波数下的吸光度值。

藻类生物质中油脂、蛋白质和糖类在各自特征波段下的红外吸收峰面积与其重量间的关系分别如式(5-9)、式(5-10)和式(5-11)所示(Pistorius et al.,2009)。油脂、蛋白质和糖类的特征波数范围分别为2984~2780cm^{-1}、1590~1477cm^{-1}、1180~1133cm^{-1}。

$$A_L = -2.3 + 78.96T_L \tag{5-9}$$

$$A_P = -0.27 + 12.72T_P \tag{5-10}$$

$$A_C = 0.07 + 2.05T_C \tag{5-11}$$

式中,A_L、A_P、A_C分别为油脂、蛋白质、糖类的特征峰面积;

T_L、T_P、T_C分别为样品中油脂、蛋白质、糖类的重量,mg。

由于油脂、蛋白质和糖类占藻类生物质组成的绝大部分,因此可假设藻类生物质仅由这三类主要能源物质组成(Lv et al.,2010)。以氯仿—甲醇萃取法测定所得的油脂含量C_L为基准,按照式(5-12)和式(5-13)计算得到藻类生物质中蛋白质和糖类的含量。

$$C_P = (100 - C_L)\frac{T_P}{T_C + T_P} \tag{5-12}$$

$$C_C = (100 - C_L)\frac{T_C}{T_C + T_P} \tag{5-13}$$

式中,C_L为采用氯仿—甲醇萃取法测定所得的藻类生物质油脂含量(质量分数);

C_P、C_C分别为藻类生物质中蛋白质和糖类的相对含量(质量分数)。

5.2 藻细胞对外源氮磷的吸收及其基本生长情况

5.2.1 栅藻对外源氮磷的吸收情况

不同营养条件下,栅藻LX1对培养基中DTN的吸收情况如图5.2所示。在富营养条件(初始DTN和DTP浓度分别为300mg·L^{-1}和2mg·L^{-1})的实验组中,栅藻LX1在培养初期快速吸收溶液中的DTN。培养的前6天内,栅藻LX1对DTN的吸收量即达到35mg·L^{-1}以上;而在随后的培养时间内,DTN的吸收速率显著下降,溶液的DTN浓度不断波动。培养30天后,富营养实验组培养基的DTN浓度下降至289.1mg·L^{-1}。

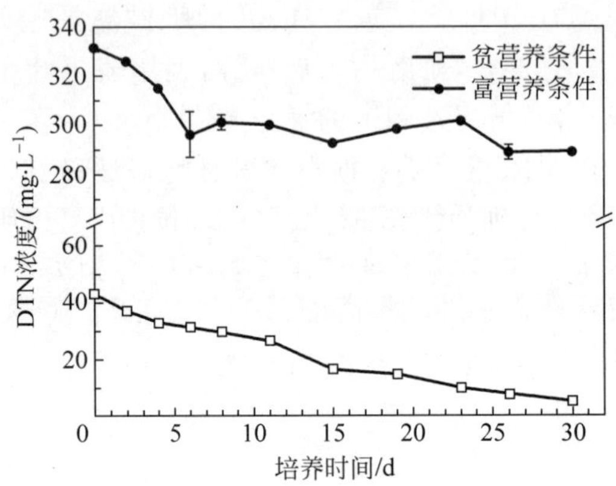

图 5.2　不同营养条件下栅藻 LX1 对 DTN 的吸收情况

在贫营养条件(初始 DTN 和 DTP 浓度分别为 30mg・L^{-1}和 0.2mg・L^{-1})的实验组中,栅藻 LX1 对 DTN 的吸收速率相对稳定,培养 30 天后,DTN 浓度下降至 5.3mg・L^{-1}。在两种培养条件下,虽然培养基中的初始 DTN 浓度相差一个数量级,但是直到培养结束后,各个实验组的溶液中仍然残留了大量 DTN。由此可知,在本研究所用的营养条件下,培养基提供的 DTN 十分充足,栅藻 LX1 在整个培养过程中均未受到氮饥饿胁迫。

不同营养条件下,栅藻 LX1 对培养基中 DTP 的吸收情况如图 5.3 所示。由于培养基的氮磷比高达 150,DTN 充足,因此栅藻 LX1 能够将 DTP 迅速吸收。在培养的前 3～4 天内,栅藻 LX1 将培养基中的 DTP 完全吸收。

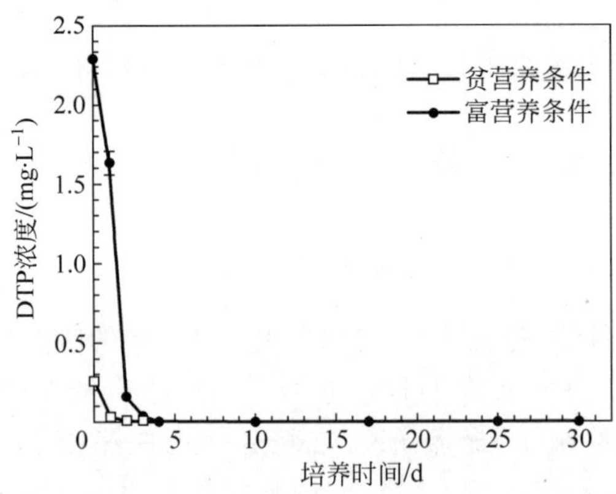

图 5.3　不同营养条件下栅藻 LX1 对 DTP 的吸收情况

5.2.2　栅藻利用内源磷的生长情况

不同营养条件下，栅藻 LX1 的藻密度随培养时间的变化如图 5.4 所示。在培养初期，两个实验组中栅藻 LX1 的生长状况并无显著差异，营养条件未对栅藻 LX1 的生长速率造成显著影响。这是因为培养基中提供的 DTN 相对充足，同时，藻细胞能够将溶液中的 DTP 快速吸收，使得细胞的内源磷含量保持在相对较高的水平。按照 Droop 模型，当藻细胞的内源磷含量超过一定水平后，内源磷含量的差异对生长速率的影响将不再显著（如图 2.11 和图 2.12 所示）。

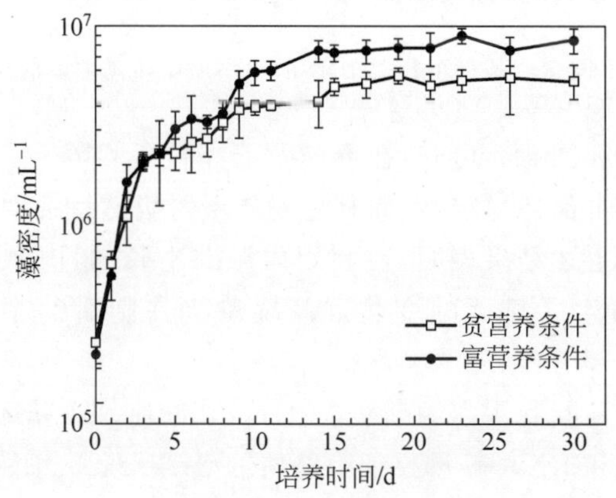

图 5.4　不同营养条件下栅藻 LX1 的生长曲线

当培养基中的 DTP 耗尽后，栅藻 LX1 的生长速率显著下降。而富营养条件的实验组中，栅藻 LX1 的生长状况显著优于贫营养条件的实验组。培养至第 15 天左右时，两个实验组的栅藻 LX1 均进入稳定生长期，藻密度在随后的培养时间内无显著性变化。贫、富营养条件下培养 30 天后，栅藻 LX1 的藻密度分别达到 5.4×10^6 mL^{-1} 和 8.5×10^6 mL^{-1}。

不同营养条件下，栅藻 LX1 的生物质干重随培养时间的变化如图 5.5 所示。与藻密度的变化规律类似，培养初期，营养条件并未对栅藻 LX1 的生长造成显著影响。在培养基中的 DTP 耗尽后，栅藻 LX1 的生长速率显著下降，但在其利用内源磷生长的过程中保持相对稳定。贫、富营养条件下，DTP 耗尽后栅藻 LX1 的生物质平均增长速率分别为 23.9mg・L^{-1}・d^{-1} 和 35.7mg・L^{-1}・d^{-1}，最终其生物质干重分别可达到 0.88g・L^{-1} 和 1.21g・L^{-1}。

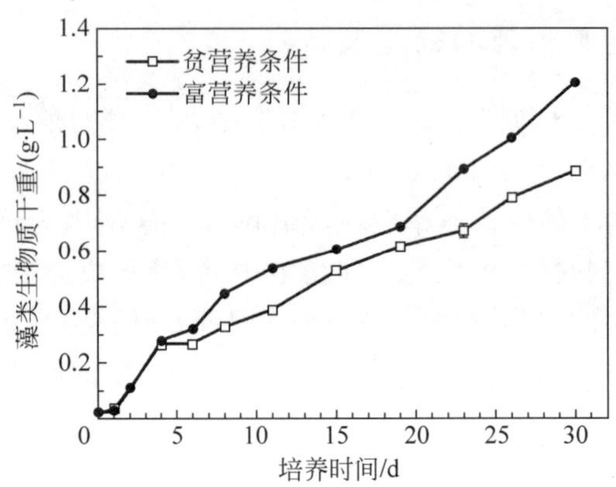

图 5.5　不同营养条件下栅藻 LX1 的生物质干重随培养时间的变化

对比图 5.4 和图 5.5 可知，在不同营养条件下培养 15 天后，栅藻 LX1 的藻密度已经基本保持稳定，然而其生物质干重仍然持续增长，并且其增长速率并未下降。上述结果表明，在利用内源磷生长的过程中，栅藻 LX1 的单个细胞重量发生了显著的变化。该现象将在随后的小节中进行详细论述。

随着藻细胞不断利用内源磷进行生长，其细胞磷含量不断降低。磷是合成磷脂、DNA 和 RNA 等重要细胞物质的必要元素。细胞磷含量过低导致这些物质的合成受阻，可能是培养至 15 天后藻细胞停止增殖的主要原因。然而，由图 5.5 可知，藻细胞停止增殖后，其细胞内物质的积累并未停滞，这也是藻细胞增殖停止后生物质干重仍然持续增长的主要原因。

5.2.3　栅藻的内源磷含量及单位磷生物质产量的变化

不同营养条件下，栅藻 LX1 的内源磷含量随培养时间的变化如图 5.6 所示。在培养初期，由于藻细胞迅速吸收培养基中的 DTP，因此不同营养条件下藻细胞的内源磷含量均高于 1%，处于相对较高的水平。随着 DTP 的耗尽，藻细胞开始利用内源磷进行生长，其内源磷含量显著下降。

贫营养条件的实验组中，栅藻 LX1 的内源磷含量在其对数生长期由 1.52%迅速下降至 0.1%左右，而随着栅藻 LX1 生长速率的下降，其内源磷含量的下降速率显著减小。在贫营养条件下培养 30 天后，栅藻 LX1 的内源磷含量降低至 0.029%，这一结果与第 4 章的研究结果相符。

富营养条件的实验组中，栅藻 LX1 的内源磷同样呈逐渐下降趋势。然而，在整个培养过程中，富营养条件实验组栅藻 LX1 的内源磷均显著高于贫营养条件。富营养条件下培养 30 天，栅藻 LX1 的内源磷含量由初期的 2.43%下降至 0.23%。上述结果表明，在富营养条件下，由于藻密度较大，光照衰减较强，藻细胞中储存的内源磷并不能被充分用于藻类的生长。

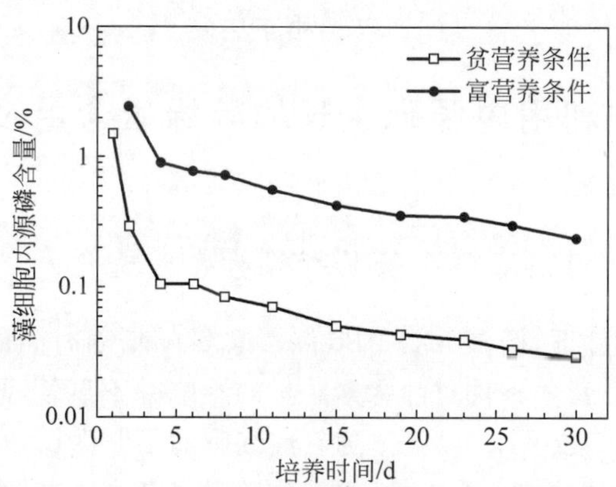

图 5.6　不同营养条件下栅藻 LX1 的内源磷含量随培养时间的变化

不同营养条件下，单位磷实际生物质产量随培养时间的变化如图 5.7 所示。与第 4 章的研究结果类似，在富营养条件的实验组中，由于藻类生物质总产量较高，藻密度较大，从而导致了严重的光照衰减，因此，单位磷的实际生物质产量在培养过程中一直处于相对较低的水平。培养 30 天后，单位磷实际生物质产量仅由初期的 41kg・kg^{-1}升高至 420kg・kg^{-1}。

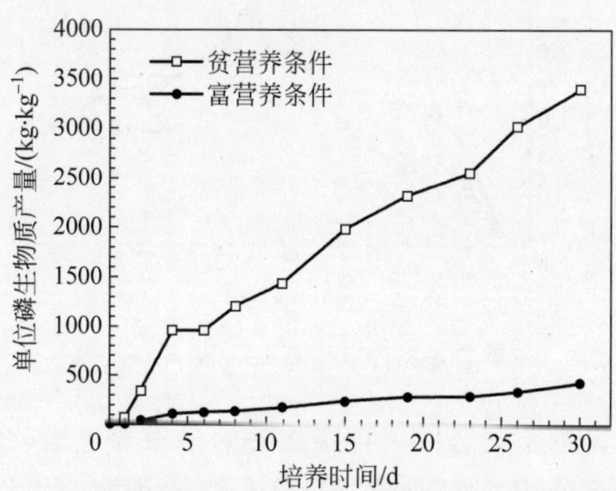

图 5.7　不同营养条件下单位磷实际生物质产量随培养时间的变化

贫营养条件的实验组中，由于藻细胞在培养初期迅速吸收DTP，因此，单位磷的实际生物质产量也相对较低，仅为66kg·kg^{-1}。随着栅藻LX1不断地利用内源磷进行生长，单位磷的实际生物质产量迅速升高，培养30天后，可达到3390kg·kg^{-1}。上述结果表明，在贫营养条件的实验组中，藻细胞储存的内源磷能够被更加充分地用于藻类生长。

5.3 藻细胞利用内源磷生长的叶绿素含量及光合作用活性变化

5.3.1 栅藻利用内源磷生长的叶绿素含量变化

不同营养条件下，栅藻LX1的叶绿素总量随培养时间的变化如图5.8所示。培养初期，营养条件对叶绿素总量的影响并不显著，两个实验组的叶绿素总量均在0.5μg·L^{-1}以下。随着藻细胞的不断生长，叶绿素总量迅速升高。富营养条件的实验组中，叶绿素的总量显著高于贫营养条件组。贫、富营养条件下培养15天后，栅藻LX1的叶绿素总量均达到最大值，分别为1.5μg·L^{-1}和2.5μg·L^{-1}。随后，叶绿素总量迅速下降，最终，两个实验组的叶绿素总量均降低至1μg·L^{-1}左右。

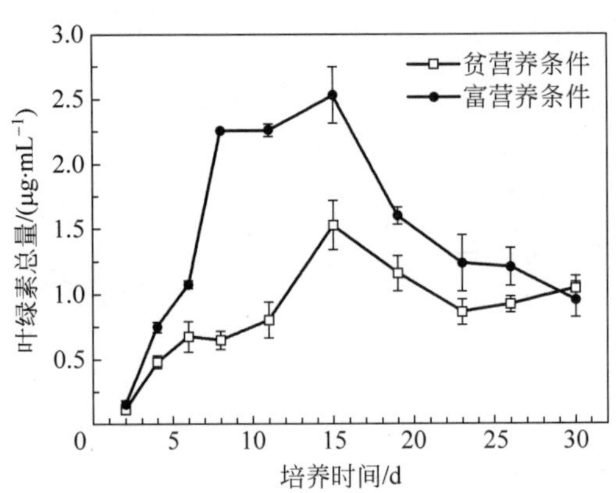

图5.8 不同营养条件下栅藻LX1的叶绿素总量变化

叶绿素是与藻细胞光合作用直接相关的最重要色素，其总量与藻类生物质的总量有一定的相关性，通常可用于反映藻细胞的生长状态以及生物质总量。尹翠玲等(2007)考察了杜氏盐藻和纤细角毛藻在不同的初始DTP浓度下的生长及叶绿素含量变化，发现两种微藻的叶绿素总量与其生物质总量间具有较好的相关性,叶绿素总量随初始 DTP 的变化规律与生物质总量的变化规律一致。此外,在藻密度进入稳定期后,杜氏盐藻的叶绿素总量显著下降,这与本研究的结果相符。

不同营养条件下,单个栅藻 LX1 细胞的叶绿素含量随培养时间的变化如图 5.9 所示。与叶绿素的总量类似,单个栅藻 LX1 细胞叶绿素的含量随培养时间的延长而呈现先上升后下降的趋势。在培养初期,两个实验组中,单个藻细胞的叶绿素含量均在 0.1pg 左右。当藻细胞进入对数生长期后,不仅叶绿素的总量显著升高,单个藻细胞中叶绿素的含量也显著上升,而富营养条件的实验组中,单个细胞叶绿素的含量显著高于贫营养条件。培养 15 天后,随着藻细胞的密度进入稳定期,细胞的叶绿素含量显著下降,最终,贫富营养实验组的单个藻细胞叶绿素含量分别降低至 0.11pg 和 0.19pg。

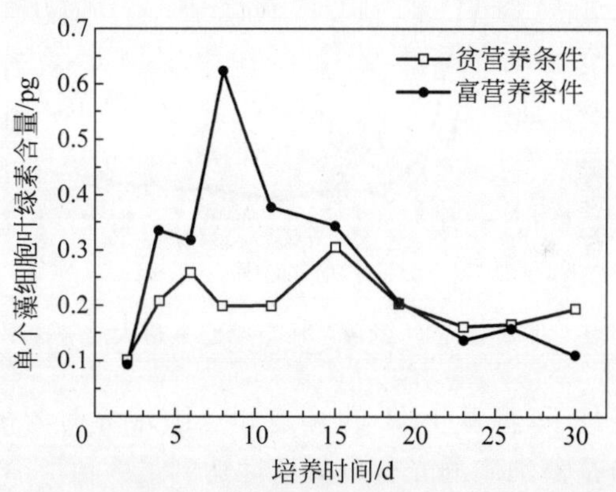

图 5.9　不同营养条件下单个栅藻 LX1 细胞叶绿素的含量变化

由上述结果可知,叶绿素的总量和单个细胞中叶绿素的含量与藻细胞的增殖活力十分相关。在对数生长期,藻细胞的增殖速率较快,细胞的密度呈指数增长,相应的叶绿素的总量以及单个藻细胞中的叶绿素含量均迅速升高;而当藻密度进入稳定期后,叶绿素的总量及单个藻细胞中叶绿素的含量均显著下降。与之相比,叶绿素总量和单细胞含量的变化与藻类生物质干重的变化无明显相关性。

5.3.2　栅藻利用内源磷生长的光合作用活性变化

不同营养条件下,栅藻 LX1 的单位质量叶绿素最大放氧速率随培养时间的变化如图 5.10 所示。两个实验组中,栅藻 LX1 单位叶绿素的放氧活性呈现类似的变化规律：在对数生长期，藻细胞的增殖活性较高，其光合放氧活性达到整个生长时期的最大值；而在随后的培养时间内，光合放氧活性显著降低，当藻密度达到稳定期后，光合放氧活性的变化不再显著。虽然两个实验组培养基中的氮磷浓度相差 10 倍，但营养条件对单位叶绿素放氧活性的影响并不显著。上述结果表明，单位质量叶绿素的放氧活性主要受到藻细胞生长时期的影响，这与其他研究者的结果相符（Borchardt，1994；Henley，1993）。

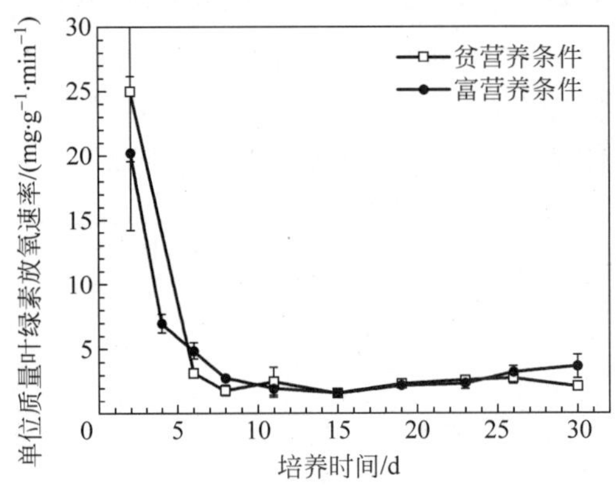

图 5.10　不同营养条件下栅藻 LX1 的单位质量叶绿素最大放氧速率随培养时间的变化

不同营养条件下，栅藻 LX1 的光饱和点随培养时间的变化如图 5.11 所示。光饱和点是藻细胞的光合放氧活性达到最大值所需要的最小光照强度。由图可知，栅藻 LX1 的光饱和点随培养时间的延长呈现先升高后降低

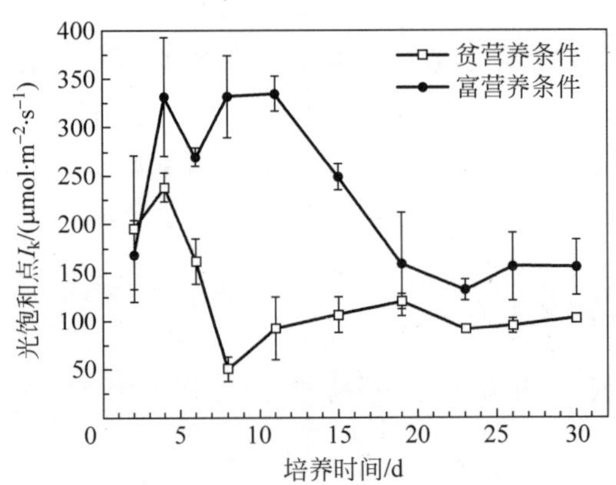

图 5.11　不同营养条件下栅藻 LX1 的光饱和点随培养时间的变化

的变化趋势，同时，富营养条件的实验组，藻细胞的光饱和点显著高于贫营养条件。上述结果表明，在较低的营养盐投加量下，栅藻 LX1 达到最大光合放氧活性所需的光照强度更低。

不同营养条件下，栅藻 LX1 的光补偿点随培养时间的变化如图 5.12 所示。光补偿点是藻细胞的叶绿素光合放氧量等于其呼吸作用的耗氧量时的光照强度，只有当藻细胞受到的光照强度高于其光补偿点时，藻细胞通过光合作用合成物质的速率才大于其呼吸作用对有机物的消耗速率。两个实验组中，栅藻 LX1 的光补偿点的变化规律类似，均随着培养时间的延长而逐渐升高；在贫营养条件下，栅藻 LX1 的光补偿点显著高于富营养条件。

磷直接参与光合作用的各个环节，包括光能吸收与同化、卡尔文循环，并对一些酶的活性起调节作用（Heldt et al.，1977）。在藻细胞利用内源磷生长的过程中，其内源磷含量不断下降，这将不可避免地影响藻细胞光合作用的活性。通过上述研究，可以发现由于提供的初始营养不同，贫富营养实验组藻细胞的内源磷含量差异显著，这对藻细胞的叶绿素总量、单细胞叶绿素含量以及光合作用的光饱和点和光补偿点均有显著影响，然而，对于单位质量叶绿素的放氧活性却无显著影响。在藻细胞利用内源磷生长的过程中，其光饱和点逐渐降低，这表明只需要更低的光照强度即可使藻细胞的光合放氧速率达到最大；而其光补偿点逐渐升高，表明藻细胞通过光合作用进行物质积累所需的最低光照强度越来越高。

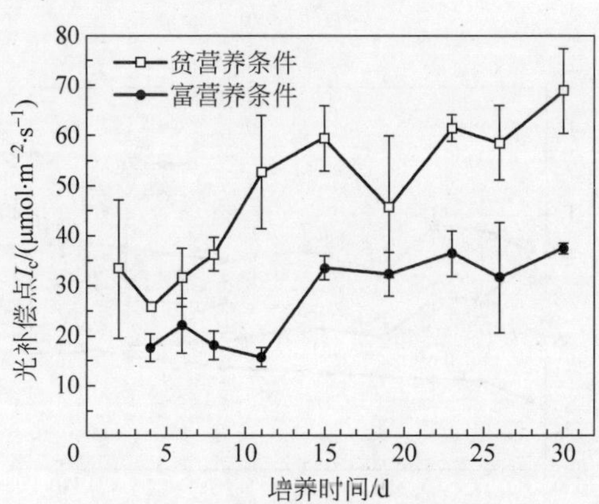

图 5.12　不同营养条件下栅藻 LX1 的光补偿点随培养时间的变化

5.4 藻细胞利用内源磷生长的细胞形态结构及沉降性质变化

5.4.1 栅藻利用内源磷生长的细胞形态变化

不同营养条件下，栅藻 LX1 的细胞大小及形态随培养时间的变化如图 5.13 和图 5.14 所示。随培养时间的延长，两个实验组中栅藻 LX1 细胞的长度及宽度均显著增大，并且，在贫营养条件下细胞长宽的变化更加明显。贫营养条件的实验组中，培养 30 天后，栅藻 LX1 细胞的长度和宽度分别由初始的 11.1μm 和 3.3μm 增大至 15.0μm 和 6.6μm；而富营养条件的实验组中，栅藻 LX1 细胞的长宽则分别由 10.2μm 和 3.2μm 增大至 11.0μm 和 6.1μm。

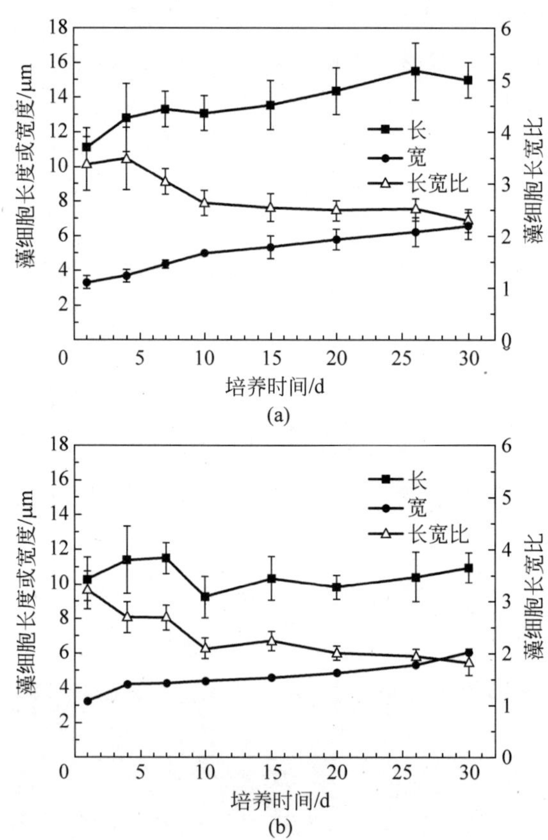

图 5.13 不同营养条件下栅藻 LX1 的细胞大小随培养时间的变化

(a) 贫营养条件；(b) 富营养条件

Lehman(1976)在对二角盘星藻的研究中观察到了类似的现象。在外源磷充足的条件下,二角盘星藻细胞的宽度仅为 2～4μm;而在外源磷耗尽的情况下,培养一段时间后,该藻株细胞的宽度增大至 6～10μm。

除细胞的长宽外,藻细胞的形态在利用内源磷生长的过程中也发生了显著的变化。在培养初期,藻细胞的长宽比接近 10,细胞形状狭长;随着培养时间的延长,细胞长宽比逐渐减小,培养 30 天后,细胞长宽比降低至 2 左右,细胞的形状逐渐变为椭圆状(图 5.14)。由于细胞的形状逐渐接近球体,其比表面积逐渐降低,这可能是藻细胞应对低磷胁迫的一种机制。

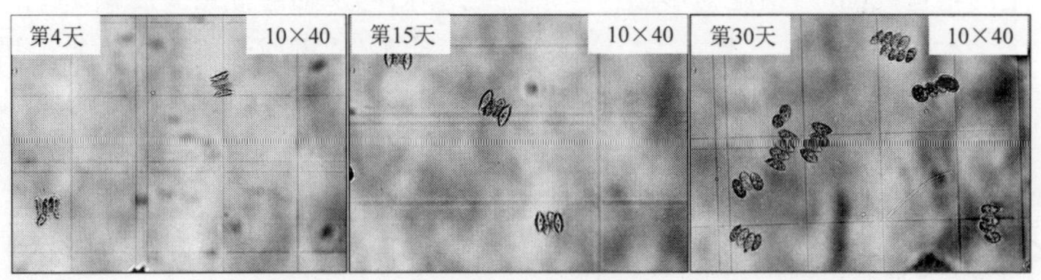

图 5.14 不同营养条件下栅藻 LX1 的细胞形态随培养时间的变化

5.4.2 栅藻利用内源磷生长的细胞重量及密度变化

不同营养条件下,栅藻 LX1 单个细胞的重量随培养时间的变化如图 5.15 所示。培养初期,两个实验组栅藻 LX1 的单细胞重量均相对较低,约为 50～60pg,营养条件对细胞重量的影响并不显著。随着培养时间的延长,

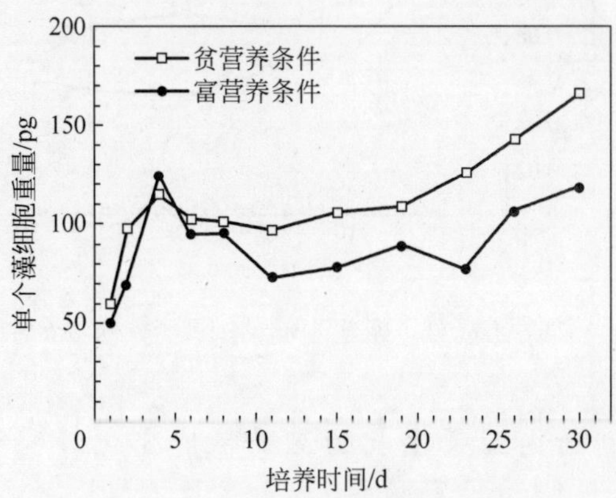

图 5.15 不同营养条件下栅藻 LX1 的单细胞重量随培养时间的变化

栅藻 LX1 细胞重量逐渐升高，并且贫营养条件实验组细胞的重量显著高于富营养条件。贫、富营养条件下培养 30 天后，栅藻 LX1 的单细胞重量分别由 59.2pg 和 50pg 升高至 165.9pg 和 117.9pg。单个细胞重量的显著升高，是藻细胞在利用内源磷的生长过程中，藻密度达到稳定后生物质干重仍然持续增长的主要原因。

磷是合成磷脂不可缺少的元素，而磷脂是藻类细胞膜的骨架成分。在利用内源磷生长的过程中，藻细胞的磷含量不断降低，可用于合成磷脂的磷逐渐减少，细胞的生长过程也逐渐由分裂产生新的细胞转变为增加单个细胞的重量。同时，细胞的形态也越来越接近球体，从而降低比表面积。

不同营养条件下，栅藻 LX1 单个细胞的密度随培养时间的变化如图 5.16 所示。培养初期，营养条件对单个细胞密度的影响并不显著，两个实验组中，藻细胞的密度均为 0.11pg·μm^{-3}左右。在随后的生长过程中，单个藻细胞的密度逐渐下降，同时，在富营养条件下，藻细胞的密度显著高于贫营养条件。培养 30 天后，贫、富营养条件下栅藻 LX1 的单个藻细胞密度分别降低至 0.061pg·μm^{-3}和 0.070pg·μm^{-3}。此外，对比图 5.15 和图 5.16 可知，在利用内源磷生长的过程中，栅藻 LX1 单个细胞重量的升高主要是由于其体积的显著增大，而并非细胞密度的变化。

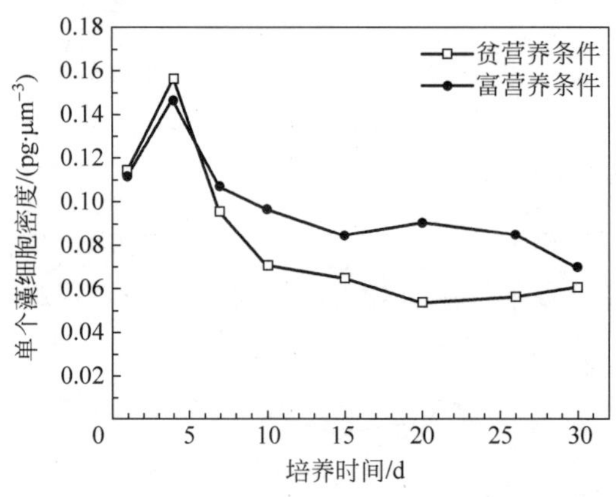

图 5.16　不同营养条件下栅藻 LX1 的细胞密度随培养时间的变化

5.4.3　栅藻利用内源磷生长的沉降性能变化

根据 Stocks 定律，颗粒体积和密度的变化将显著影响其沉降性能。重力沉降是最简单、最常用的藻类生物质收获方式(Grima et al.，2003)。沉降率表征了静置 60min 内,可以自然沉降的藻类生物质占藻类生物质总量的比例。沉降率越高表明藻类生物越易于采用重力沉降进行收获。不同营养条件下栅藻 LX1 的沉降率随培养时间的变化如图 5.17 所示。

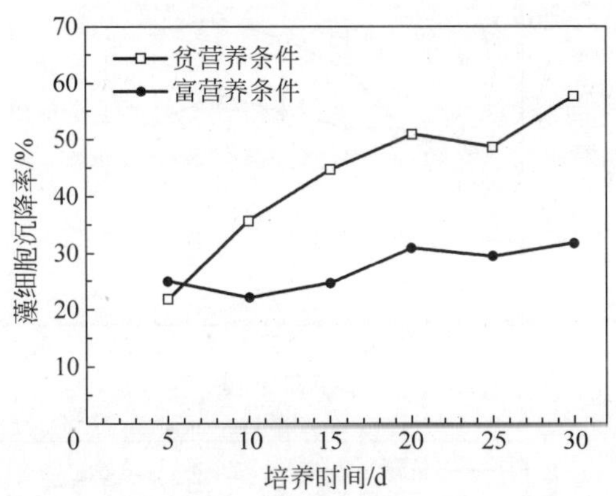

图 5.17　不同营养条件下栅藻 LX1 的沉降率随培养时间的变化

由图 5.17 可知,培养初期两个实验组藻细胞的沉降率基本相同,均为 25%左右,这是由于不同营养条件下栅藻 LX1 细胞的大小、形状、密度十分接近;随着培养时间的延长,藻细胞的沉降率显著增大,并且贫营养条件下,细胞的沉降率显著大于富营养条件,这主要是由于贫营养条件下栅藻 LX1 细胞的尺寸显著大于富营养条件。培养 30 天后,贫、富营养条件下,栅藻 LX1 细胞的沉降率分别升高至 57%和 32%。

5.5　藻细胞利用内源磷生长的能源物质积累特性

5.5.1　栅藻利用内源磷生长的油脂积累特性

不同营养条件下,栅藻 LX1 的油脂含量及油脂中的 TAGs 含量随培养时间的变化如图 5.18 所示。在油脂含量方面,培养初期,营养条件对栅藻 LX1 的油脂含量并无显著影响,两个实验组藻类生物质的油脂含量均相对较低,仅为 13%~16%。随着外源 DTP 的耗尽,藻细胞进入利用内源磷的生长阶段,其油脂含量开始显著升高,同时,贫营养条件下,藻细胞的油脂含量显著高于富营养条件。培养 30 天后,贫、富营养条件下栅藻 LX1 的油脂含量分别逐渐升高至 33.5%和 25.2%。上述结果表明,随着藻细胞受到的磷饥饿胁迫越来越严重,细胞的内源磷含量逐渐下降,其油脂积累将得到显

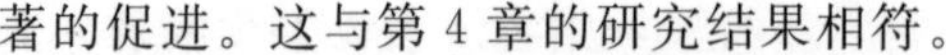
著的促进。这与第 4 章的研究结果相符。

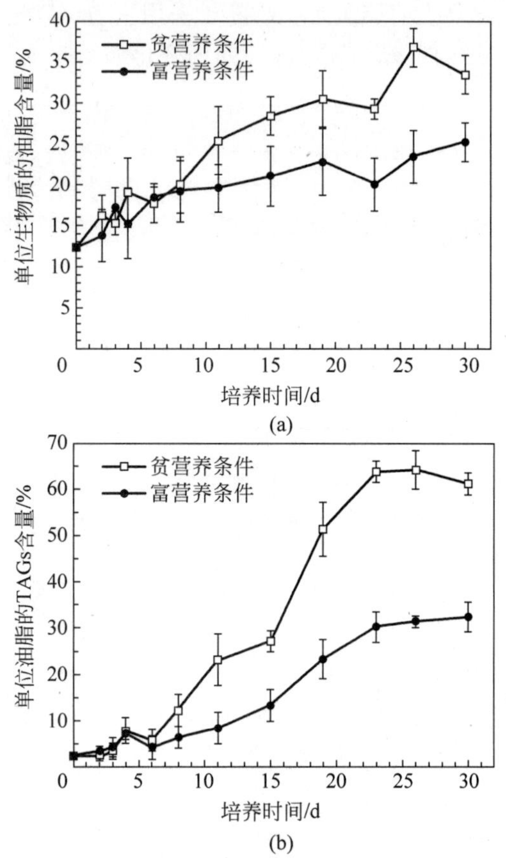

图 5.18 不同营养条件下栅藻 LX1 的(a)油脂含量及(b)油脂中的 TAGs 含量随培养时间的变化

在 TAGs 含量方面,栅藻 LX1 在生长初期并不会大量积累 TAGs,培养的前 6 天内,两个实验组藻细胞油脂中的 TAGs 含量均在 2.3%~7.9%之间波动,并无显著差异。在进入利用内源磷的生长阶段后,藻细胞油脂中的 TAGs 含量迅速升高,同时,贫营养条件下 TAGs 含量升高的幅度显著大于富营养条件。培养 23 天后,贫、富营养条件下,栅藻 LX1 油脂中的 TAGs 含量分别升高至 61.2%和 32.5%。在随后的培养时间内,TAGs 含量保持相对稳定。

在利用内源磷的生长过程中,TAGs 的大量积累是导致藻细胞油脂含量增加的主要原因。Khozin-Goldberg 等(2006)在对蒜头藻的研究中报道了类似的现象：在外源磷浓度为 0 的实验组中，培养一段时间后，藻细胞油脂中的 TAGs 含量可达到 39.3%，显著高于对照组的 6.5%，从而使得实验组藻细胞的油脂含量显著高于对照组。

营养元素的缺乏是促进藻细胞油脂积累的有效手段之一(Griffiths et al.,2009；李鑫,2011)。在利用内源磷生长的过程中，藻细胞一直处于磷饥饿状态，并且不断利用自身储存的磷进行生长，使得自身受到的营养缺乏胁迫越来越严重。Sheehan 等(Sheehan et al.,1998)在“水生物种”项目的研究报告中指出，在环境胁迫下(例如营养缺乏)，藻细胞逐渐停止分裂，但是单个细胞中的油脂合成量仍然维持较高水平，从而导致细胞油脂含量的显著升高。对比图 5.4 和图 5.18 可以发现，藻细胞的油脂和 TAGs 积累主要发生在其细胞分裂逐渐减弱并停止后。在这一过程中，虽然藻细胞的数量逐渐达到稳定，但是，由于单个藻细胞重量的显著增加，藻类生物质的干重仍然在不断升高，从而使得油脂及 TAGs 的总产量保持稳定的增长。

不同营养条件下，栅藻 LX1 的油脂及 TAGs 总产量随培养时间的变化如图 5.19 所示。在油脂总产量方面，虽然贫营养条件下栅藻 LX1 的油脂含量显著高于富营养条件，但是两个实验组的油脂总产量并无显著性差异。这是由于在贫营养条件下，栅藻 LX1 的生长速率显著下降(如图 5.5 所示)，较高的生物质油脂含量被较低的生物质产量所抵消(Sheehan et al.,1998)。在 30 天的培养时间内，两个实验组中，栅藻 LX1 的油脂总产量均保持稳定的增长，由初始的 $2mg \cdot L^{-1}$左右升高至约 $300mg \cdot L^{-1}$。

在 TAGs 的总产量方面，培养初期，由于藻细胞的油脂含量及油脂中的 TAGs 含量均相对较低，两个实验组的 TAGs 总产量均低于 $10mg \cdot L^{-1}$，并且营养条件对 TAGs 的产量并无显著影响。在藻细胞进入利用内源磷的生长阶段后，TAGs 的总产量迅速升高，并且，贫营养条件下 TAGs 的总产量显著高于富营养条件。在贫、富营养条件下培养 30 天后，栅藻 LX1 的 TAGs 总产量分别可达到 $180mg \cdot L^{-1}$和 $98mg \cdot L^{-1}$。

由图 5.19 可知，与油脂的积累过程相比，藻细胞对 TAGs 的积累相对滞后，当藻细胞的数量达到稳定期一段时间后，TAGs 的总产量才开始急剧增加。因此，如果以 TAGs 作为藻类培养的主要产品，在藻细胞进入稳定生长期后，应适当延长培养时间，以获得更高的 TAGs 总产量。Zhang 等(2014)在其研究中得到了类似的结果。Zhang 等考察了延长稳定期的培养时间对小球藻 HQ 油脂积累的影响，结果表明：在稳定期初期(培养 15 天，

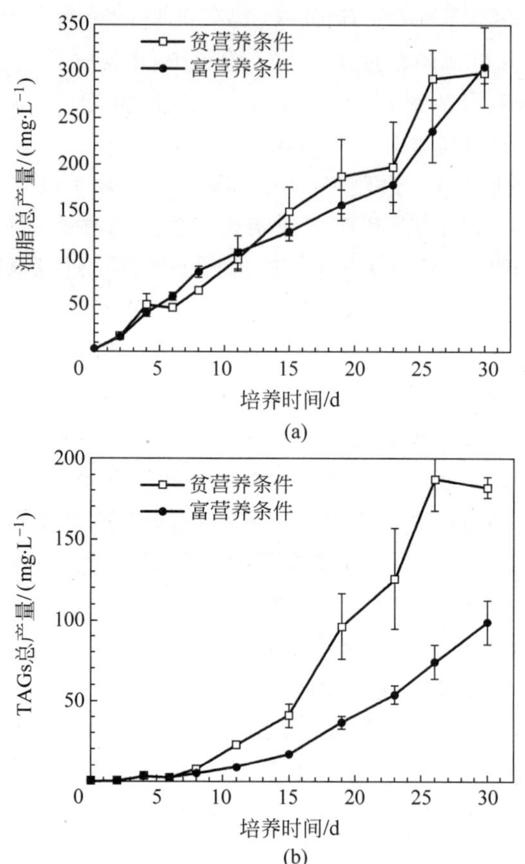

图 5.19　不同营养条件下栅藻 LX1 的(a)油脂及(b)TAGs 总产量的变化

初始 DTN 和 DTP 浓度分别为 18mg・L^{-1}和 1.5mg・L^{-1})，小球藻 HQ 的生物质干重、油脂产量及 TAGs 产量分别仅为 0.19g・L^{-1}、46.7mg・L^{-1}和 14.3mg・L^{-1}，而在继续培养 15 天后，小球藻 HQ 的生物质干重、油脂产量及 TAGs 产量分别可升高至 0.49g・L^{-1}、99.2mg・L^{-1}和 54.0mg・L^{-1}(Zhang et al.,2014)。

5.5.2　栅藻利用内源磷生长的油脂、蛋白质、糖类积累特性

不同营养条件下，栅藻 LX1 的油脂、蛋白质和糖类含量随培养时间的变化如图 5.20 所示。两个实验组中，栅藻 LX1 各类能源物质的含量呈现类似的变化规律：培养初期，藻类生物质中蛋白质的含量最高，约占生物质

总量的 49%，糖类含量次之，约为 38%，油脂含量最低，仅为 13%；在培养的前 8～10 天内，藻类生物质的蛋白质含量显著降低，糖类含量则显著升高，这两类物质的含量在随后培养时间中基本保持稳定，而油脂含量则在整个培养周期内保持相对稳定的增长。Lv 等(2010)在其对普通小球藻的研究中报道了类似的结果：在培养初期的 4 天内，小球藻的蛋白质含量由初始的 70%迅速降至 10%以下，其糖类含量则由 12%急剧升高至约 70%，这两类物质的含量在随后的培养时间内基本保持稳定，而小球藻的油脂含量则在生长初期的波动之后，逐渐由约 17%升高至接近 30%。

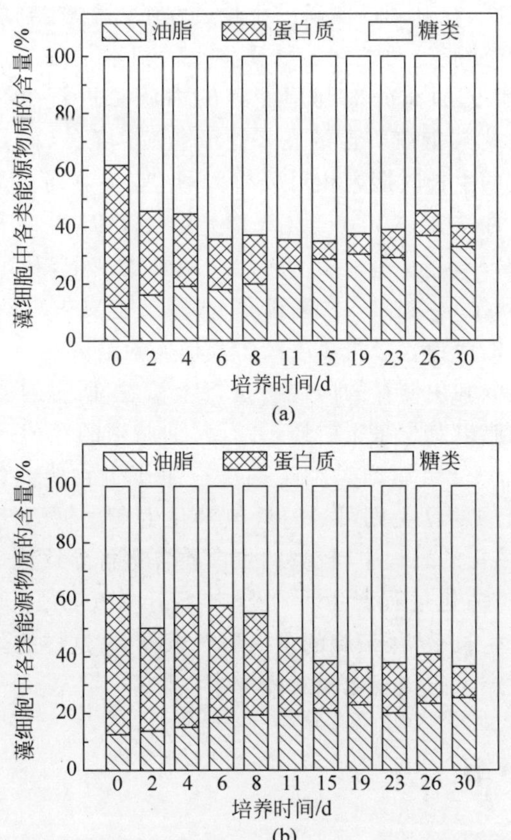

图 5.20　不同营养条件下栅藻 LX1 的油脂、蛋白质和糖类含量随培养时间的变化

(a) 贫营养条件；(b) 富营养条件

营养条件的差异对藻类生物质油脂、蛋白质和糖类的含量均造成了显著影响。两个实验组藻细胞油脂含量的差异已经在前文述及，本节不再重

复描述。蛋白质含量方面，贫营养条件下，栅藻 LX1 的蛋白质含量在培养的前 11 天内迅速下降至 10%以下，此后在 7%～9%之间波动；富营养条件下，栅藻 LX1 蛋白质含量的下降速度相对较慢，直到培养的第 15 天才降低至 20%以下，随后一直在 13%～17%之间。糖类含量方面，贫营养条件下，栅藻 LX1 的糖类含量在培养的前 6 天内快速升高至 64%左右，并在随后的 10 天内在 63%～65%之间波动，培养 19 天后，糖类的含量开始缓慢下降，在培养结束时降低至约 59%；富营养条件下，栅藻 LX1 的糖类含量直到培养的第 15 天才逐渐升高至 60%以上，随后即稳定在 60%～64%之间。

上述结果表明，在利用内源磷的生长过程中，藻类生物质中的蛋白质将逐渐分解，糖类和油脂这两类储能物质将大量积累。在贫营养条件的实验组中，藻细胞能够更加充分地利用储存的内源磷进行生长（如图 5.6 和图 5.7 所示），因此其蛋白质含量显著低于富营养条件，而其糖类含量和油脂含量则在一定的生长时期内相对较高。一些学者在对其他藻种的研究中也得到了类似的结果。Yao 等（2013）考察了海洋绿藻亚心形扁藻（*Tetraselmis subcordiformis*）在不同的初始藻密度下，利用内源磷的生长过程及淀粉积累，发现在较低的藻密度下，藻细胞对内源磷的利用更加充分，同时，细胞中的淀粉含量也显著高于其他实验组。

在藻细胞充分利用储存的内源磷进行生长后，所得的藻类生物质含有较多的糖类和油脂以及少量蛋白质，并且其油脂中的 TAGs 含量提高。藻细胞油脂中的 TAGs 可以通过酯交换反应生产生物柴油（Schenk et al.，2008），剩余藻渣中的糖类则可通过厌氧消化生产生物沼气（Sialve et al.，2009）。在厌氧消化的过程中，较高的蛋白质含量将导致氨气的产生量显著升高，这将对厌氧消化过程产生不利影响（Sialve et al.，2009）。而在充分利用内源磷进行生长后，藻细胞的蛋白质含量降低，这样的藻类生物质在厌氧消化的过程中产生的氨气也相对较少。

5.6 本章小结

在利用内源磷生长的过程中，栅藻 LX1 的叶绿素含量和光合作用活性，细胞的尺寸、形态、重量以及沉降性能，细胞的油脂、糖类和蛋白质含量以及油脂中的 TAGs 含量均发生了显著变化。

（1）在利用内源磷生长的过程中，栅藻 LX1 的叶绿素总量及单个细胞的叶绿素含量先升高后降低，同时单位质量叶绿素的放氧速率在培养的前

6 天内显著降低，随后保持稳定。

(2) 在利用内源磷生长的过程中，栅藻 LX1 的光饱和点逐渐降低，因此，达到其最大光合放氧活性所需的光照强度越来越低；而栅藻 LX1 的光补偿点逐渐升高，因此，藻细胞通过光合作用进行物质积累所需的最低光照强度越来越高。

(3) 在利用内源磷生长的过程中，栅藻 LX1 细胞的长度、宽度以及重量均显著增大，同时，细胞的长宽比则由 10 降低至 2，细胞的形态逐渐由狭长状变为椭球状。

(4) 由于栅藻 LX1 细胞尺寸和重量的显著增大，其沉降性能在利用内源磷生长的过程中得到了显著的提高。

(5) 在利用内源磷生长的过程中，栅藻 LX1 的蛋白质含量在生长初期显著降低，同时，其糖类含量显著升高，当藻密度达到稳定后，两类物质的含量保持稳定。

(6) 栅藻 LX1 的油脂含量在其利用内源磷生长的过程中缓慢升高，而油脂中的 TAGs 含量则在藻密度达到稳定期一段时间后才开始迅速升高，并在稳定期后期达到最大值。

第6章 结论与建议

6.1 结论

本论文考察了藻细胞利用磷生长的基本特性,发现通过提供适宜的培养条件,促进藻细胞利用内源磷的生长可以有效提高单位磷的生物质产量。在此基础上,结合藻细胞的生长动力学分析,提出了单位磷藻类生物质产量的技术目标,以及相应的藻种筛选标准。通过对比17株能源微藻利用内源磷生长的潜力,明确了各株微藻的单位磷理论最大生物质产量。从中选择了利用内源磷生长能力最强的栅藻LX1为研究对象,系统考察了初始氮磷浓度和光照强度对其利用内源磷生长过程的影响,研究了其在利用内源磷生长的过程中光合作用活性、细胞大小及重量、细胞的物质组成等生理生化特性的变化。

本论文获得的主要结论如下:

(1) 以BG11培养基对栅藻LX1进行间歇培养,在外源磷耗尽后,栅藻LX1能够利用细胞中储存的内源磷继续生长,使得藻细胞的磷含量由初始的2.3%持续下降至约0.6%,同时,单位磷的实际生物质产量升高至160kg·kg^{-1},而生物质的总产量与补料间歇培养并无显著差异。

(2) 200~300kg·kg^{-1}是一个可行的单位磷生物质产量技术目标。为了实现这一技术目标,藻细胞的内源磷含量至少应低于0.5%,并且,为了保证较快的生长速率,应该选择最小磷含量(Q_0)低于0.1%的藻种。

(3) 本研究测试的17株能源微藻均具备一定的利用内源磷进行生长的能力。其中,栅藻LX1的细胞最小磷含量Q_0最低,仅为0.016%,其单位磷的理论生物质产量显著高于其他微藻,达到6100kg·kg^{-1}。当栅藻LX1的单位磷实际生物质产量达到300kg·kg^{-1}时,其比生长速率仍然高达理论最大比生长速率μ_m的95%。

(4) 在初始DTN和DTP浓度分别为30mg·L^{-1}和0.1mg·L^{-1}的条件下,培养16天后,栅藻LX1的单位磷油脂产量及单位磷TAGs产量分别达到1830kg·kg^{-1}和680kg·kg^{-1},显著高于本研究测试的其他各株微藻。在该条件下，以栅藻 LX1 为原料，生产 1kg 生物柴油的磷资源消耗量为 2.2g，仅为目前文献报道值的 1/30～1/50。

(5) 当 DTN 浓度在 5～50mg・L^{-1}之间时，栅藻 LX1 的单位磷实际生物质产量随 DTN 浓度的升高而显著增大。为了保证栅藻 LX1 充分利用内源磷进行生长，外源氮磷的投加比例应控制在 100：1 左右。在利用内源磷生长的过程中，栅藻 LX1 种群生物量最大增长速率 R_{max} 与初始 DTN 浓度的关系符合 Monod 模型。当 DTN 浓度达到 50mg・L^{-1}时，栅藻 LX1 可充分利用内源磷进行生长，同时获得较高的生物质总产量、油脂含量及 TAGs 含量，其油脂及 TAGs 的总产量均显著高于其他实验组，分别达到 144mg・L^{-1}和 92mg・L^{-1}。

(6) 在 0.05～0.5mg・L^{-1}的浓度范围内，随着初始 DTP 浓度的升高，栅藻 LX1 的生物质总量显著升高，导致了严重的光照衰减，因此，单位磷的实际生物质产量显著降低。在 DTP 浓度为 0.05mg・L^{-1}的条件下，栅藻 LX1 可充分利用内源磷进行生长，从而同时获得较高的单位磷实际生物质产量，以及较高的油脂和 TAGs 含量。

(7) 在利用内源磷生长的过程中，栅藻 LX1 的叶绿素含量先升高后降低，同时，其光饱和点逐渐降低，即达到其最大光合放氧速率所需的光照强度越来越低；而光补偿点逐渐升高，即藻细胞通过光合作用进行物质积累所需的最低光照强度越来越高。

(8) 利用内源磷生长的过程中，栅藻 LX1 细胞的尺寸和重量均显著增大，细胞的长宽比则逐渐由 10 降低至 2，细胞的形态由生长初期的狭长状逐渐变为椭球状。由于细胞尺寸的显著增大，栅藻 LX1 的沉降性能得到了显著的提高。初始 DTN 和 DTP 浓度分别为 30mg・L^{-1}和 0.2mg・L^{-1}的条件下，培养 30 天后，栅藻 LX1 细胞的沉降率由 25%逐渐升高至 57%。

(9) 充分利用内源磷进行生长后，栅藻 LX1 的蛋白质含量降低，而糖类含量、油脂含量以及油脂中的 TAGs 含量均显著升高，因此，利于后续生物质利用。

综上所述，本研究的主要创新点如下：

(1) 提出了同时实现高生长速率及高单位磷生物质产量的藻种筛选标准，即藻种的最小细胞磷含量 Q_0 应低于 0.1%，并从 17 株能源微藻中筛选得到了满足该标准的藻种。

(2) 发现在利用内源磷生长的过程中，栅藻 LX1 的细胞种群密度达到稳定期后，其生物质干重仍然持续增长，并开始大量积累 TAGs，油脂中的

TAGs 含量在稳定期后期达到最大值。

(3) 发现在高氮、高光照强度条件下，藻细胞可充分利用内源磷生长，单位磷生物质产量与油脂含量呈正相关，并且可同时获得高生物质生产速率及高油脂含量，从而可破解藻细胞生长速率与油脂含量的矛盾。

6.2 建议

在本研究的基础上，今后可以在以下方面继续深入开展研究：

(1) 不同藻种的最小细胞磷含量 Q_0 差异较大，在今后的研究中应该继续筛选分离 Q_0 值较小的藻种，为藻类生物质能源的可持续生产打下基础。

(2) 深入研究藻细胞的最小磷含量与细胞的尺寸、重量等其他生理生化特性之间的关系。

(3) 在连续流系统中，考察培养条件对单位磷实际生物质产量的影响，掌握相应的调控规律。

(4) 系统考察藻细胞利用内源磷生长过程中，胞内多聚磷酸盐含量的变化，建立相应的降解动力学方程。

(5) 在系统了解藻细胞中油脂、蛋白质和糖类合成途径的基础上，深入研究三类能源物质在藻细胞利用内源磷生长过程中相互转化的机理，建立相应的数学模型，为藻类的大规模培养提供理论指导。

(6) 考察藻细胞的内源磷在生物质后续利用过程中（例如厌氧发酵等）的释放规律，研究将其回收用于藻类培养的可行性。

参 考 文 献

国家环境保护总局《水和废水监测分析方法》编委会. 2002. 水和废水监测分析方法(4 版) [M]. 北京：中国环境科学出版社.

胡慧蓉，郭安，王海龙. 2007. 我国磷资源利用现状与可持续利用的建议 [J]. 磷肥与复肥，(2)：1-5.

胡洪营，李鑫，于茵，巫寅虎，等. 2011. 藻类生物质能源——基本原理、关键技术与发展路线图[M]. 北京：科学出版社.

黄翔飞. 1999. 高级水生生物学 [M]. 北京：科学出版社.

李博. 2000. 生态学 [M]. 北京：高等教育出版社.

李鑫. 2011. 污水深度脱氮除磷与微藻生物能源生产耦合技术研究 [D]. 北京：清华大学.

刘世禄，李学增. 1989. 关于加速开发利用海藻饲料、肥料及海藻药物的建议 [J]. 水产科学，(1)：42-44.

刘征，胡山鹰，陈定江，等. 2005. 我国磷资源产业物质流分析 [J]. 现代化工，(6)：1-5.

缪晓玲，吴庆余. 2004. 藻类异养转化制备生物油燃料技术 [J]. 可再生能源，(4)：41-44.

尹翠玲，梁英，张秋丰. 2007. 磷浓度对盐生杜氏藻和纤细角毛藻叶绿素荧光特性及生长的影响 [J]. 水产科学，(3)：154-159.

于茵. 2012. 能源微藻溶解性胞外产物产生及组分特性研究[D]. 北京：清华大学.

ALPTEKIN E，CANAKCI M. 2008. Determination of the density and the viscosities of biodiesel-diesel fuel blends [J]. Renewable Energy，33(12)：2623-2630.

ANTOLIN G，TINAUT F V，BRICENO Y，et al. 2002. Optimisation of biodiesel production by sunflower oil transesterification [J]. Bioresource Technology，83(2)：111-114.

AZACHI M，SADKA A，FISHER M，et al. 2002. Salt induction of fatty acid elongase and membrane lipid modifications in the extreme halotolerant alga *Dunaliella salina* [J]. Plant Physiology，129(3)：1320-1329.

BANERJEE A，SHARMA R，CHISTI Y，et al. 2002. *Botryococcus braunii*：A renewable source of hydrocarbons and other chemicals [J]. Critical Reviews in Biotechnology，22(3)：245-279.

BENEMANN J R, WEISSMAN J C, KOOPMAN B L, et al. 1977. Energy-production by microbial photosynthesis [J]. Nature, 268(5615): 19-23.

BENSON B C, RUSCH K A. 2006. Investigation of the light dynamics and their impact on algal growth rate in a hydraulically integrated serial turbidostat algal reactor (HISTAR) [J]. Aquacultural Engineering, 35(2): 122-134.

BLIGH E G, DYER W J. 1959. A rapid method of total lipid extraction and purification [J]. Canadian Journal of Biochemistry and Physiology, 37(8): 911-917.

BORCHARD J A, AZAD H S. 1968. Biological extraction of nutrients [J]. Journal Water Pollution Control Federation, 40(10): 1739-1754.

BORCHARDT M A. 1994. Effects of flowing water on nitrogen-limited and phosphorus-limited photosynthesis and optimum N/P ratios by *Spirogyra fluviatilis* (Charophyceae) [J]. Journal of Phycology, 30(3): 418-430.

BOROWITZKA M A. 1986. Microalgae as sources of fine chemicals [J]. Microbiological Sciences, 3(12): 372-375.

BRINCK J W. 1977. World resources of phosphorus [J]. Ciba Foundation Symposium, 57: 23-48.

CATHCART J B, SHELDON R P, GULBRANDSEN R A. 1984. Phosphate-rock resources of the United States [M]. Wasington D. C.: U. S. Geological Survey.

CHISTI Y. 2007. Biodiesel from microalgae [J]. Biotechnology Advances, 25(3): 294-306.

CHISTI Y. 2008. Biodiesel from microalgae beats bioethanol [J]. Trends in Biotechnology, 26(3): 126-131.

CICCI A, STOLLER M, BRAVI M. 2013. Microalgal biomass production by using ultra- and nanofiltration membrane fractions of olive mill wastewater [J]. Water Research, 47(13): 4710-4718.

DAVIDSON K, FEHLING J. 2006. Modelling the influence of silicon and phosphorus limitation on the growth and toxicity of *Pseudo-nitzschia seriata* [J]. African Journal of Marine Science, 28(2): 357-360.

DAYANANDA C, SARADA R, KUMAR V, et al. 2007. Isolation and characterization of hydrocarbon producing green alga *Botryococcus braunii* from Indian freshwater bodies [J]. Electronic Journal of Biotechnology, 10(1): 78-91.

DE GORTER H, JUST D R. 2009. The economics of a blend mandate for biofuels [J]. American Journal of Agricultural Economics, 91(3): 738-750.

DROOP M R. 1968. Vitamin B12 and marine ecology. 4. Kinetics of uptake growth and inhibition in *Monochrysis lutheri* [J]. Journal of the Marine Biological Association of the United Kingdom, 48(3): 689-733.

DROOP M. R. 1973. Some thoughts on nutrient limitation in algae [J]. Journal of Phycology, 9(3): 264-272.

DROOP M R. 1983. 25 Years of algal growth-kinetics-a personal View [J]. Botanica Marina, 26(3): 99-112.

GFELLER R P, GIBBS M. 1984. Fermentative metabolism of *Chlamydomonas reinhardtii*: 1. analysis of fermentative products from starch in dark and light [J]. Plant Physiology, 75(1): 212-218.

GRIFFITHS M J, HARRISON S T L. 2009. Lipid productivity as a key characteristic for choosing algal species for biodiesel production [J]. Journal of Applied Phycology, 21(5): 493-507.

GRIMA E M, BELARBI E H, FERNANDEZ F G A, et al. 2003. Recovery of microalgal biomass and metabolites: process options and economics [J]. Biotechnology Advances, 20(7-8): 491-515.

HARUN R, SINGH M, FORDE G M, et al. 2010. Bioprocess engineering of microalgae to produce a variety of consumer products [J]. Renewable & Sustainable Energy Reviews, 14(3): 1037-1047.

HE G Q, DENG Z P, TAO L, et al. 2010. Screen and fermentation optimization of microalgaes with high lipid productivity [J]. Journol of Agricultural Biotechnology, 18(6): 1046-1053.

HEALEY F P. 1985. Interacting effects of light and nutrient limitation on the growth-rate of *Synechococcus linearis* (cyanophyceae) [J]. Journal of Phycology, 21(1): 134-146.

HELDT H W, CHON C J, MARONDE D, et al. 1977. Role of orthophosphate and other factors in regulation of starch formation in leaves and isolated-chloroplasts [J]. Plant Physiology, 59(6): 1146-1155.

HENLEY W J. 1993. Measurement and interpretation of photosynthetic light-response curves in algae in the context of photoinhibition and diel changes [J]. Journal of Phycology, 29(6): 729-739.

HERRING J R, FANTEL R J. 1993. Phosphate rock demand into the next century: impact on world food supply [J]. Natural Resources Research, 2: 226-246.

HO S H, LI P J, LIU C C, et al. 2013. Bioprocess development on microalgae-based CO_2 fixation and bioethanol production using *Scenedesmus obliquus* CNW-N [J]. Bioresource Technology, 145: 142-149.

HOLMAN B W B, MALAU-ADULI A E O. 2013. Spirulina as a livestock supplement and animal feed [J]. Journal of Animal Physiology and Animal Nutrition, 97(4): 615-623.

HU H Y, LI X, YU Y, et al. 2011. Domestic wastewater reclamation coupled with biofuel/biomass production based on microalgae: a novel wastewater treatment process in the future [J]. Journal of Water and Environment Technology, 9(2): 199-207.

HU Q, SOMMERFELD M, JARVIS E, et al. 2008. Microalgal triacylglycerols as feedstocks for biofuel production: perspectives and advances [J]. Plant Journal, 54(4): 621-639.

ILLMAN A M, SCRAGG A H, SHALES S W. 2000. Increase in *Chlorella* strains calorific values when grown in low nitrogen medium [J]. Enzyme and Microbial Technology, 27(8): 631-635.

JENA U, VAIDYANATHAN N, CHINNASAMY S, et al. 2010. Evaluation of microalgae cultivation using recovered aqueous co-product from thermochemical liquefaction of algal biomass [J]. Bioresource Technology, 102(3): 3380-3387.

JOHNSON J. 2007. Algae to biofuels [J]. Chemical & Engineering News, 85(46): 15-15.

JULIA V. 2011. Microbial (microalgal-bacterial) biomass grown on municipal wastewater for sustainable biofuel production [D]. the University of Canterbury.

KETCHUM B H. 1939. The absorption of phosphate and nitrate by illuminated cultures of nitzschia closterium [J]. American Journal of Botany, 26(6): 399-407.

KHOZIN-GOLDBERG I, COHEN Z. 2006. The effect of phosphate starvation on the lipid and fatty acid composition of the fresh water eustigmatophyte *Monodus subterraneus* [J]. Phytochemistry, 67(7): 696-701.

KRAUSS U H, SAARN H G, SCHMIDT H W. 1984. International strategic minerals inventory summary report- Phosphate [M]. Washington D. C.: U. S. Geological Survey.

KUENZLER E J, KETCHUM B H. 1962. Rate of phosphorus uptake by *Phaeodactylum tricornutum* [J]. Biological Bulletin, 123(1): 134-139.

KULAEV I, VAGABOV V, KULAKOVSKAYA T. 1999. New aspects of inorganic polyphosphate metabolism and function [J]. Journal of Bioscience and Bioengineering, 88(2): 111-129.

LANG X, DALAI A K, BAKHSHI N N, et al. 2001. Preparation and characterization of bio-diesels from various bio-oils [J]. Bioresource Technology, 80(1): 53-62.

LARDON L, HELIAS A, SIALVE B, et al. 2009. Life-cycle assessment of biodiesel production from microalgae [J]. Environmental Science and Technology, 43(17): 6475-6481.

LEE J Y, YOO C, JUN S Y, et al. 2010. Comparison of several methods for effective lipid extraction from microalgae [J]. Bioresource Technology, 101: S75-S77.

LEHMAN J T. 1976. Photosynthetic capacity and luxury uptake of carbon during phosphate limitation in *Pediastrum duplex* (Chlorophyceae) [J]. Journal of Phycology, 12(2): 190-193.

LEVITAN O, DINAMARCA J, HOCHMAN G, et al. 2014. Diatoms: a fossil fuel of the future [J]. Trends in Biotechnology, 32(3): 117-124.

LI X, HU H Y, GAN K, et al. 2010a. Effects of different nitrogen and phosphorus concentrations on the growth, nutrient uptake, and lipid accumulation of a freshwater microalga *Scenedesmus* sp. [J]. Bioresource Technology, 101(14): 5494-5500.

LI X, HU H Y, YANG J. 2010b. Lipid accumulation and nutrient removal properties of a newly isolated freshwater microalga, *Scenedesmus* sp. LX1, growing in secondary effluent [J]. New Biotechnology, 27(1): 59-63.

LV J M, CHENG L H, XU X H, et al. 2010. Enhanced lipid production of *Chlorella vulgaris* by adjustment of cultivation conditions [J]. Bioresource Technology, 101(17): 6797-6804.

MAIRET F, BERNARD O, MASCI P, et al. 2011. Modelling neutral lipid production by the microalga *Isochrysis* aff. *galbana* under nitrogen limitation [J]. Bioresource Technology, 102(1): 142-149.

MARTINEZ M E, SANCHEZ S, JIMENEZ J M, et al. 2000. Nitrogen and phosphorus removal from urban wastewater by the microalga *Scenedesmus obliquus* [J]. Bioresource Technology, 73(3): 263-272.

MATA T M, MARTINS A A, CAETANO N S. 2010. Microalgae for biodiesel production and other applications: a review [J]. Renewable and Sustainable Energy Reviews, 14(1): 217-232.

MELIS A, ZHANG L P, FORESTIER M, et al. 2000. Sustained photobiological hydrogen gas production upon reversible inactivation of oxygen evolution in the green alga *Chlamydomonas reinhardtii* [J]. Plant Physiology, 122(1): 127-135.

MIAO X L, WU Q Y. 2006. Biodiesel production from heterotrophic microalgal oil [J]. Bioresource Technology, 97(6): 841-846.

OSWALD W J, GOTAAS H B, GOLUEKE C G, et al. 1957. Algae in waste treatment [J]. Sewage and Industrial Wastes, 29(4): 437-455.

PARK K C, WHITNEY C, MCNICHOL J C, et al. 2012. Mixotrophic and photoautotrophic cultivation of 14 microalgae isolates from Saskatchewan, Canada: potential applications for wastewater remediation for biofuel production [J]. Journal of Applied Phycology, 24(3): 339-348.

PATE R, KLISE G, WU B. 2011. Resource demand implications for US algae biofuels production scale-up [J]. Applied Energy, 88(10): 3377-3388.

PISTORIUS A M A, DEGRIP W J, EGOROVA-ZACHERNYUK T A. 2009. Monitoring of biomass composition from microbiological sources by means of FT-IR spectroscopy [J]. Biotechnology and Bioengineering, 103(1): 123-129.

PITTMAN J K, DEAN A P, OSUNDEKO O. 2011. The potential of sustainable algal biofuel production using wastewater resources [J]. Bioresource Technology, 102(1): 17-25.

POWELL N, SHILTON A, CHISTI Y, et al. 2009. Towards a luxury uptake process via microalgae-defining the polyphosphate dynamics [J]. Water Research,

43(17): 4207-4213.

POWELL N, SHILTON A N, PRATT S, et al. 2008. Factors influencing luxury uptake of phosphorus by microalgae in waste stabilization ponds [J]. Environmental Science and Technology, 42(16): 5958-5962.

PRUVOST J, CORNET J F, LEGRAND J. 2008. Hydrodynamics influence on light conversion in photobioreactors: an energetically consistent analysis [J]. Chemical Engineering Science, 63(14): 3679-3694.

RICHMOND A. 2004. Handbook of microalgal culture: biotechnology and applied phycology [M]. U. K.: Blackwell Science Ltd..

RODOLFI L, ZITTELLI G C, BASSI N, et al. 2009. Microalgae for oil strain selection, induction of lipid synthesis and outdoor mass cultivation in a low-cost photobioreactor [J]. Biotechnology and Bioengineering, 102(1): 100-112.

RUIZ J, ALVAREZ P, ARBIB Z, et al. 2011. Effect of nitrogen and phosphorus concentration on their removal kinetic in treated urban wastewater by *Chlorella vulgaris* [J]. International Journal of Phytoremediation, 13(9): 884-896.

SCHENK P M, THOMAS -HALL S R, STEPHENS E, et al. 2008. Second generation biofuels: high-efficiency microalgae for biodiesel production [J]. Bioenergy Research, 1(1): 20-43.

SHEEHAN J, DUNAHAY T, BENEMANN J, et al. 1998. A look back ar the U. S. Department of Energy's Aquatic Species Program: biodiesel from algae [M]. Golden, Colorado, U. S. A.: National Renewable Energy Lab, Department of Energy.

SHI J, PODOLA B, MELKONIAN M. 2007. Removal of nitrogen and phosphorus from wastewater using microalgae immobilized on twin layers: an experimental study [J]. Journal of Applied Phycology, 19(5): 417-423.

SIALVE B, BERNET N, BERNARD O. 2009. Anaerobic digestion of microalgae as a necessary step to make microalgal biodiesel sustainable [J]. Biotechnology Advances, 27(4): 409-416.

SMIL V. 2000. Phosphorus in the environment: natural flows and human interferences [J]. Annual Review of Energy and the Environment, 25: 53-88.

STEEN I. 1998. Phosphorus availability in the 21st century [J]. Phosphorus and Potassium, 217: 25-31.

STEWART W D P. 1974. Algal physiology and biochemistry [M]. Oxford: Blackwell Scientific.

THILO E. 1959. Die kondensierten phosphate [J]. Naturwissenschaften, 46(11): 367-373.

U. S. Department of Energy. 2010. National algal biofuels technology roadmap [M]. U. S. Department of Energy, Office of Energy Efficiency and Renewable Energy, Biomass Program.

VAN VUUREN D P, BOUWMAN A F, BEUSEN A H W. 2010. Phosphorus demand for the 1970-2100 period: a scenario analysis of resource depletion [J]. Global Environmental Change, 20(3): 428-439.

VASUDEVAN P T, BRIGGS M. 2008. Biodiesel production-current state of the art and challenges [J]. Journal of Industrial Microbiology & Biotechnology, 35 (5): 421-430.

WANG H Y, XIONG H R, HUI Z L, et al. 2012. Mixotrophic cultivation of *Chlorella pyrenoidosa* with diluted primary piggery wastewater to produce lipids [J]. Bioresource Technology, 104: 215-220.

WILLIAMS P J le B, LAURENS L M L. 2010. Microalgae as biodiesel & biomass feedstocks: review & analysis of the biochemistry, energetics & economics [J]. Energy and Environmental Science, 3(5): 554-590.

WU Y H, YANG J, HU H Y, et al. 2013. Lipid-rich microalgal biomass production and nutrient removal by *Haematococcus pluvialis* in domestic secondary effluent [J]. Ecological Engineering, 60: 155-159.

WU Y H, YU Y, LI X, et al. 2012. Biomass production of a *Scenedesmus* sp. under phosphorous-starvation cultivation condition [J]. Bioresource Technology, 112: 193-198.

XIAO R, CHEN R, ZHANG H Y, et al. 2011. Microalgae *Scenedesmus quadricauda* grown in digested wastewater for simultaneous CO_2 fixation and nutrient removal [J]. Journal of Biobased Materials and Bioenergy, 5(2): 234-240.

YANG J, LI X, HU H Y, et al. 2011a. Growth and lipid accumulation properties of a freshwater microalga, *Chlorella ellipsoidea* YJ1, in domestic secondary effluents [J]. Applied Energy, 88(10): 3295-3299.

YANG J, XU M, ZHANG X Z, et al. 2011b. Life-cycle analysis on biodiesel production from microalgae: water footprint and nutrients balance [J]. Bioresource Technology, 102(1): 159-165.

YAO C H, AI J N, CAO X P, et al. 2013. Characterization of cell growth and starch production in the marine green microalga *Tetraselmis subcordiformis* under extracellular phosphorus-deprived and sequentially phosphorus-replete conditions [J]. Applied Microbiology and Biotechnology, 97(13): 6099-6110.

ZHANG Q, HONG Y. 2014. Effects of stationary phase elongation and initial nitrogen and phosphorus concentrations on the growth and lipid-producing potential of *Chlorella* sp. HQ [J]. Journal of Applied Phycology, 26(1): 141-149.

ZHANG Y, DUBE M A, MCLEAN D D, et al. 2003. Biodiesel production from waste cooking oil: 1. process design and technological assessment [J]. Bioresource Technology, 89(1): 1-16.

索　引

在学期间发表的学术论文与研究成果

学术期刊论文

[1] **WU Yin-Hu**, HU Hong-Ying, YU Yin, et al. Microalgal species for sustainable bioenergy production using wastewater as resource: A review. *Renewable and Sustainable Energy Reviews* (SCI 收录,IF=5.627). 2014,33: 675-688.

[2] **WU Yin-Hu**, YU Yin, LI Xin, HU Hong-Ying, SU Zhen-Feng. Biomass production of a *Scenedesmus* sp. under phosphorous-starvation cultivation condition. *Bioresource Technology* (SCI 收录,IF=4.75). 2012,112: 193-198.

[3] **WU Yin-Hu**, YU Yin, LI Xin, HU Hong-Ying. Potential biomass yield per phosphorus and lipid accumulation property of seven microalgal species. *Bioresource Technology* (SCI 收录,IF=4.75). 2013,130: 599-602.

[4] **WU Yin-Hu**, LI Xin, YU Yin, HU Hong-Ying, et al. An integrated microalgal growth model and its application to optimize the biomass production of *Scenedesmus* sp. LX1 in open pond under the nutrient level of domestic secondary effluent. *Bioresource Technology* (SCI 收录,IF=4.75). 2013,144: 445-451.

[5] **WU Yin-Hu**, YANG Jia, HU Hong-Ying, YU Yin. Lipid-rich microalgal biomass production and nutrient removal by *Haematococcus pluvialis* in domestic secondary effluent. *Ecological Engineering* (SCI 收录,IF=2.958). 2013,60: 155-159.

[6] **WU Yin-Hu**, YU Yin, HU Hong-Ying. Effects of initial phosphorus concentration and light intensity on biomass yield per phosphorus and lipid accumulation of *Scenedesmus* sp. LX1. *Bioenergy Research* (SCI 收录,IF=4.25). 2014,7: 927-934.

[7] ZHANG Tian-Yuan, **WU Yin-Hu**, ZHU Shu-Feng, HU Hong-Ying. Isolation and heterotrophic cultivation of mixotrophic microalgae strains for domestic wastewater treatment and biofuel production under totally dark condition. *Bioresource Technology* (SCI 收录,IF=4.75). 2013,149: 586-589.

[8] ZHUANG Lin-Lan, HU Hong-Ying, **WU Yin-Hu**, WANG Ting, et al. A novel suspended-solid phase photobioreactor to improve biomass production and separation of microalgae. *Bioresource Technology* (SCI 收录,IF=4.75). 2014, 153: 399-402.

[9] YU Yin, HU Hong-Ying, LI Xin, **WU Yin-Hu**, ZHANG Xue, JIA Sheng-Lan. Accumulation characteristics of soluble algal products (SAP) by a freshwater

microalga Scenedesmus sp. LX1 during batch cultivation for biofuel production. *Bioresource Technology* (SCI 收录,IF=4.75). 2012,110: 184-189.

[10] SU Zhen-Feng, LI Xin, HU Hong-Ying, **WU Yin-Hu**, NOGUCHI Tsutomu. Culture of *Scenedesmus* sp. LX1 in the modified effluent of a wastewater treatment plant of an electric factory by photo-membrane bioreactor. *Bioresource Technology* (SCI 收录,IF=4.75). 2011,102: 7627-7632.

[11] LI Xin, HU Hong-Ying, YANG Jia, **WU Yin-Hu**. Enhancement effect of ethyl-2-methyl acetoacetate on triacylglycerols production by a freshwater microalga, *Scenedesmus* sp. LX1. *Bioresource Technology* (SCI 收录, IF = 4.75). 2010, 101: 9819-9821.

[12] HUANG Jing-Jing, HU Hong-Ying, **WU Yin-Hu**, et al. Effect of chlorination and ultraviolet disinfection on tetA-mediated tetracycline resistance of *Escherichia coli*. *Chemosphere* (SCI 收录,IF=3.137). 2013,90: 2247-2253.

[13] ZHANG Tian-Yuan, YU Yin, **WU Yin-Hu**, et al. Inhibitory effects of soluble algae products (SAP) released by *Scenedesmus* sp. LX1 on its growth and lipid production. *Bioresource Technology* (SCI 收录,IF=4.75). 2013,146: 643-648.

学术会议论文

[1] **WU Yin-Hu**, XU Xue-Qiao, HU Hong-Ying. Growth and lipid accumulation properties using intracellular phosphorus of bioenergy microalgae. Oral presentation. The 1st International Conference on Beneficial Uses of Algal Biomass (ICBUAB), Hong Kong, 2013, 11.

[2] **WU Yin-Hu**, YU Jun-Yi, ZHAO Wen-Yu, HU Hong-Ying. Enhancement of nutrient removal and lipid accumulation of *Scenedesmus* sp. LX1 by iron in municipal wastewater. Oral presentation. The 5th IWA-ASPIRE Conference & Exhibition, Korea, 2013, 9.

[3] **WU Yin-Hu**, HU Hong-Ying, YU Yin, LU Yun. Phosphorus limitation on microalgae biofuel-A eat or drive issue. Poster. The 2th International Conference on Algal Biomass, Biofuels & Bioproducts, USA, 2012, 6.

[4] **巫寅虎**,胡洪营,于茵. 利用内源磷生长——一种新型的藻类培养方式. 分会场报告. 第15届全国环境微生物学学术研讨会,大连,2012,9.

学 术 译 著

胡洪营,李鑫,于茵,**巫寅虎**,等,译. 美国能源部生物质项目署编. 藻类生物质能源——理论基础、关键技术及发展路线图(National Algal Biofuels Technology Roadmap). 北京:科学出版社,2011.

致　　谢

衷心感谢导师胡洪营教授多年来对本人的精心指导和悉心教诲。胡老师对新兴科研领域高瞻远瞩的洞察力、严谨求实的治学作风、精益求精的严格要求对我影响深远，将使我受益终生。

衷心感谢王洪涛教授、解跃峰教授、王慧教授、陆韻副教授在本课题的建立和研究过程中给予的宝贵建议和指导。

衷心感谢郭玉凤老师在实验仪器操作方面的细致指导和严格要求。感谢水利系的姜和平师傅帮助加工光生物反应器，他对工作的严格要求保证了反应器制作的质量。

感谢课题组的全体老师和同学，他们为本课题的顺利进行提供了宝贵的意见和热情的帮助；特别感谢苏贞峰师兄、李鑫师兄以及罗娜拉、张天元、朱树峰、余骏一、庄林岚、许雪乔等同学在课题实验过程中给予的大力协助。

感谢上海同济高廷耀环保科技发展基金会对本论文的资助。

衷心感谢我的家人和朋友对我的关心、帮助和支持。

衷心感谢我的爱人于茵对我的理解、支持和帮助。

巫寅虎

2016 年 7 月